Charles   Darwin

Geologische Beobachtungen über die Vulkanischen Inseln

Mit kurzen Bemerkungen über die Geologie von Australien und dem Cap der guten

Hoffnung

Charles   Darwin

Geologische Beobachtungen über die Vulkanischen Inseln
Mit kurzen Bemerkungen über die Geologie von Australien und dem Cap der guten Hoffnung

ISBN/EAN: 9783337198817

Hergestellt in Europa, USA, Kanada, Australien, Japan

Cover: Foto ©berggeist007 / pixelio.de

Weitere Bücher finden Sie auf **www.hansebooks.com**

Ch. Darwin's

gesammelte Werke

Aus dem Englischen übersetzt

von

J. Victor Carus.

Autorisirte deutsche Ausgabe.

Elfter Band. Zweite Hälfte.

Vulcanische Inseln.

Mit einer Karte und vierzehn Holzschnitten.

STUTTGART. E. Schweizerbart'sche Verlagshandlung
(E. Koch).

1877.

Geologische Beobachtungen

über die

Vulcanischen Inseln

3

mit

kurzen Bemerkungen über die Geologie

von

Australien und dem Cap der Guten Hoffnung.

Von

Charles Darwin.

Nach der 2. Ausgabe aus dem Englischen übersetzt

von

J. Victor Carus.

Mit einer Karte und vierzehn Holzschnitten.

STUTTGART.

E. Schweizerbart'sche Verlagshandlung (E. Koch).

1877.

K. Hofbuchdruckerei Zu Guttenberg (Carl Grüninger) in Stuttgart.

Vorrede zur zweiten Ausgabe.

Die erste Ausgabe meiner »Geologischen Untersuchungen über die Vulcanischen Inseln, welche während der Reise von S. M. S. Beagle unter dem Commando des Capt. FITZROY besucht wurden«, erschien unter Gutheiszung der Lord Commissioners of Her Majesty's Treasury im Jahre 1844, und meine »Beobachtungen über Süd-America« im Jahre 1846. Da diese beiden Werke jetzt vergriffen sind, und da ich glaube, dasz sie doch noch Sachen von wissenschaftlichem Werthe enthalten, schien es mir räthlich, sie neu herauszugeben. Sie handeln von Theilen der Erde, welche so selten von wissenschaftlichen Leuten besucht worden sind, dasz mir nicht bekannt ist, dasz etwa Vieles nach später angestellten Beobachtungen verbessert oder zugefügt werden könnte.

In Folge der groszen Fortschritte der Geologie in neuerer Zeit dürften meine Ansichten über einige wenige Punkte etwas veraltet erscheinen; ich habe es aber für das Beste gehalten, sie so zu lassen, wie sie ursprünglich erschienen sind. Um meinen Bericht über die während der Reise des ›Beagle‹ angestellten geologischen Beobachtungen zu vervollständigen, will ich hier noch auf vier besonders erschienene Abhandlungen hinweisen: 1. »Über den Zusammenhang gewisser vulcanischer Erscheinungen in Süd-America«, im Jahre 1838 gelesen, in Bd. 5 der ›Transactions of the Geological Society‹ erschienen; 2. »Über die Verbreitung der erratischen Blöcke und die gleichzeitigen geschichteten Ablagerungen von Süd-America«, gelesen 1841 und in Bd. 6 der nämlichen Abhandlungen veröffentlicht; 3. »Eine Schilderung des feinen Staubs, welcher häufig auf Schiffe im Atlantischen Ocean fällt«, in den Proceedings derselben Gesellschaft, 4. Juni 1845; und 4. vom 25. März 1846 in demselben Journal »Über die Geologie der Falkland-Inseln«.

Inhalt.

Erstes Capitel.

S. Jago, im Cap Verdischen Archipel.

Gesteine der untersten Reihe. – Eine kalkige, sedimentäre Ablagerung, mit recenten Muscheln, durch die Berührung mit darüber liegender Lava verändert; ihre horizontale Lage und Ausdehnung. – Später erfolgte vulcanische Ausbrüche, in Begleitung mit kalkiger Substanz in erdiger oder fasriger Form und häufig innerhalb der einzelnen Scorien-Zellen eingeschlossen. – Alte und obliterite Auswurfsöffnungen von geringer Grösze. – Schwierigkeit, über eine nackte Ebene neuere Lavaströme zu verfolgen. – Landeinwärts gelegene Berge von älterem vulcanischen Gestein. – Zerfallener Olivin in groszen Massen. – Feldspathige Gesteine unterhalb der oberen krystallinischen basaltischen Schichten. – Gleichförmige Structur und Form der älteren vulcanischen Berge. – Form der Thäler in der Nähe der Küste. – Conglomerat jetzt den Strand bildend

Zweites Capitel.

F e r n a n d o   N o r o n h a – Steil abstürzender Berg von Phonolith. – T e r c e i r a. – Trachytische Gesteine; ihre eigenthümliche Zersetzung durch Dampf von hoher Temperatur. – T a h i t i. – Übergang von Wacke in Trapp; eigenthümliches vulcanisches Gestein; dessen Blasenräume halb mit Mesotyp erfüllt sind. – M a u r i t i u s. – Beweise für seine neuere Erhebung. – Structur seiner älteren Gebirge; Ähnlichkeit mit S. Jago. – S t.   P a u l ' s   F e l s e n; nicht-vulcanischen Ursprungs; – ihre eigenthümliche mineralogische Zusammensetzung

Drittes Capitel.

Ascension.

Viertes Capitel.

St. Helena.

Fünftes Capitel.

Galapagos-Archipel.

Tuff-Cratere und über den durchbrochenen Zustand ihrer südlichen Seiten. – Mineralogische Zusammensetzung der Felsarten des Archipels. – Erhebung des Landes. – Richtung der Eruptionsspalten

Sechstes Capitel.

Trachyt und Basalt. – Verbreitung der vulcanischen Inseln.

Das Einsinken von Krystallen in flüssige Lava. – Specifisches Gewicht der constituirenden Bestandtheile des Trachyt und Basalt und ihre spätere Trennung. – Obsidian. – Scheinbar nicht erfolgende Trennung der Elemente der plutonischen Gesteine. – Ursprung der Trappgänge in der plutonischen Reihe. – Verbreitung vulcanischer Inseln; ihr Vorherrschen in den groszen Oceanen. – Sie sind meist in Reihen angeordnet. – Die centralen Vulcane L. VON BUCH'S zweifelhaft. – Vulcanische Inseln Continente umsäumend. – Alter vulcanischer Inseln und ihre Erhebung in Masse. – Eruptionen auf parallelen Spaltungslinien innerhalb einer und derselben geologischen Periode

Siebentes Capitel.

Neu-Süd-Wales. – Sandstein-Formation. – Eingeschlossene Pseudofragmente von Schiefer. – Stratification. – Sich kreuzende Lagen. – Grosze Thäler. – Van Diemen's Land – Palaeozoische Formation. – Neuere Formation mit vulcanischen Gesteinen. – Travertin mit Blättern ausgestorbener Pflanzen. – Erhebung des Landes. – Neu-Seeland. – King George's Sound – Oberflächliche eisenhaltige Schichten. – Oberflächliche kalkige Ablagerungen mit Abgüssen von Zweigen. – Ihr Ursprung aus angetrifteten Stückchen Muscheln und Corallen. – Ihre Ausdehnung. – Cap der Guten Hoffnung. – Verbindung des Granits und Thonschiefers. – Sandstein-Formation

Anhang.

Beschreibung fossiler Muscheln, von G. B. SOWERBY.

Muscheln aus einer tertiären Ablagerung unter einem groszen basaltischen Strom auf S. Jago im Cap-Verdischen Archipel. – Ausgestorbene Landschnecken von St. Helena. – Palaeozoische Muscheln von Van Diemen's Land

Beschreibung von Corallen aus der palaeozoischen Formation von Van Diemen's Land, von W. LONSDALE

Register.

Karten.

Erstes Capitel.

St. Jago, im Cap Verdischen Archipel.

Gesteine der untersten Reihe. – Eine kalkige, sedimentäre Ablagerung, mit recenten Muscheln, durch die Berührung mit darüber liegender Lava verändert; ihre horizontale Lage und Ausdehnung. – Später erfolgte vulcanische Ausbrüche, in Begleitung mit kalkiger Substanz in erdiger oder fasriger Form und häufig innerhalb der einzelnen Scorien-Zellen eingeschlossen. – Alte und obliterite Auswurfsöffnungen von geringer Grösze. – Schwierigkeit, über eine nackte Ebene neuere Lavaströme zu verfolgen. – Landeinwärts gelegene Berge von älterem vulcanischem Gestein. – Zerfallener Olivin in groszen Massen. – Feldspathige Gesteine unterhalb der oberen krystallinischen basaltischen Schichten. – Gleichförmige Structur und Form der älteren vulcanischen Berge. – Form der Thäler in der Nähe der Küste. – Conglomerat jetzt den Strand bildend.

Die Insel St. Jago dehnt sich in einer nord-nordwestlichen und süd-südöstlichen Richtung dreiszig Meilen in der Länge aus bei einer Breite von ungefähr zwölf Meilen. Meine während zweier Besuche angestellten Beobachtungen haben sich auf die südliche Partie innerhalb einer Entfernung von einigen wenigen Stunden von Porto Praya beschränkt. Das Land bietet vom Meere aus gesehn einen abwechselnden Umrisz dar: glatte, kegelförmige Berge von einer röthlichen Färbung (wie der Red Hill in dem Holzschnitt S. 2)[1], und andere weniger regelmäszige, mit ebenen Gipfeln und von schwärzlicher Farbe (wie A, B, C), steigen von hintereinander liegenden, stufenförmigen Lavaebenen empor. In der Entfernung durchzieht eine viele tausend Fusz hohe Bergkette quer das Innere der Insel. Auf St. Jago findet sich kein activer Vulcan, und überhaupt nur einer in der ganzen Gruppe, nämlich auf Fogo. Seitdem die Insel bewohnt ist, hat sie nicht von zerstörenden Erdbeben zu leiden gehabt.

Fig. 1. Theil von St. Jago, einer der capverdischen Inseln.

Die untersten, an der Küste in der Nähe von Porto Praya sich dem Blicke darbietenden Gesteine sind in hohem Grade krystallinisch und compact; sie erscheinen als von altem, submarinem, vulcanischem Ursprung; sie werden in discordanter Lagerung von einer dünnen, unregelmäszigen, kalkigen Ablagerung bedeckt, welche äuszerst reichlich Muscheln einer späten tertiären Periode enthält, und diese wiederum wird bedeckt von einer breiten Fläche basaltischer Lava, welche in aufeinander folgenden Strömen aus dem Innern der Insel zwischen den plattgipfeligen Bergen A, B, C u. s. w. herabgeflossen ist. Noch neuere Lavaströme sind von den zerstreut stehenden kegelförmigen Hügeln, wie Red Hill und Signal Post Hill ausgeworfen worden. Die oberen Schichten der plattgipfeligen Berge sind in ihrer mineralogischen Zusammensetzung und in anderen Beziehungen eng verwandt mit der untersten Reihe der an der Küste anstehenden Gesteine, mit welchen sie in continuirlichem Zusammenhange zu stehen scheinen.

Mineralogische Beschreibung der Gesteine der untersten Reihe – Diese Gesteine besitzen einen äuszerst verschiedenartigen Character; sie bestehn der Grundmasse nach aus schwarzen, braunen und grauen compacten Felsarten mit zahlreichen Krystallen von Augit, Hornblende, Olivin, Glimmer und zuweilen glasigem Feldspath. Eine sehr häufig vorkommende Varietät ist

12

beinahe ganz und gar aus Krystallen von Augit mit Olivin zusammengesetzt. Bekanntlich kommt Glimmer nur selten da vor, wo Augit reichlich vorhanden ist; auch bietet wahrscheinlich der vorliegende Fall keine wirkliche Ausnahme dar; denn der Glimmer ist (wenigstens in meinem characteristischsten Handstück, an welchem ein Einschlusz dieses Minerals beinahe einen halben Zoll lang ist) so vollkommen abgerundet wie ein Rollstein in einem Conglomerate und ist offenbar nicht in der Grundmasse, in welcher er jetzt eingeschlossen ist, krystallisirt, sondern ist aus der Schmelzung irgend eines schon vorher hier gewesenen Gesteins hervorgegangen. Diese compacten Lava-Arten wechseln mit Tuffen, Mandelsteinen und Wacke und an einigen Stellen mit grobem Conglomerate ab. Einige von den thonsteinhaltigen Wacken sind von einer dunkel grünen Färbung, andere sind gelblich grün und noch andere nahezu weisz; ich war überrascht, als ich fand, dasz einige von den letztgenannten Varietäten, selbst von den weiszesten, zu einem pechschwarzen Email schmolzen, während manche von den grünen Varietäten nur eine blaszgraue Perle vor dem Löthrohr ergaben. Zahlreiche, hauptsächlich aus in hohem Grade compacten augitischen Gesteinsarten und aus grauen amygdaloiden Varietäten bestehende Gänge durchsetzen die Schichten, welche an mehreren Stellen mit beträchtlicher Gewalt in ihrer Lagerung gestört und in sehr stark geneigte Stellungen geworfen worden sind. Eine Linie einer solchen Störung geht quer durch das nördliche Ende von Quail Island (eine kleine Insel in der Bucht von Porto Praya) und kann bis auf das Festland verfolgt werden. Diese Störungen haben vor der Ablagerung der neueren sedimentären Schichten stattgefunden, und auch die Oberfläche hat schon vorher in einem hohen Grade eine Denudation erfahren, wie es sich in vielen abgestutzten Gängen zeigt.

Beschreibung der kalkigen Ablagerung, welche die vorstehend erwähnten vulcanischen Gesteinsmassen überlagert – Diese Schicht ist wegen ihrer weiszen Farbe und wegen der auszerordentlichen Regelmäszigkeit, mit welcher sie sich einige Meilen der Küste lang in einer horizontalen Linie hinzieht, sehr in die Augen fallend. Ihre mittlere Höhe über

13

dem Meere, von der oberen Verbindungslinie mit der darüber liegenden basaltischen Lava aus gemessen, beträgt ungefähr 60 Fusz; und ihre Mächtigkeit kann, trotzdem sie wegen der Unebenheiten der darunter liegenden Formation bedeutend schwankt, zu ungefähr 20 Fusz geschätzt werden. Sie besteht aus völlig weiszer kalkiger Substanz, welche zum Theil aus organischen Bruchstücken und zum Theil aus einer Masse zusammengesetzt ist, die man ganz passend ihrem äuszern Ansehn nach mit Mörtel vergleichen kann. Gesteinsbruchstücke und Rollsteine sind durch diese ganze Schicht zerstreut und bilden häufig, besonders in dem unteren Theile, ein Conglomerat. Viele von den Gesteinsfragmenten sind von einer dünnen Schicht kalkiger Substanz, wie von einer Tünche überzogen. Auf Quail Island wird die kalkige Ablagerung in ihrem untersten Theile durch einen weichen, braunen, erdigen Tuff voll von Turritellen vertreten; dieser wird von einer Schicht Geschiebe bedeckt, welches in Sandstein übergeht und mit Bruchstücken von Echinen, Krebsscheren und Muscheln untermischt ist; die Austermuscheln hängen noch an dem Gesteine fest, an welchem sie wuchsen. Zahlreiche weisze Kugeln, wie pisolithische Concretionen, von der Grösze einer Wallnusz bis zu der eines Apfels sind in dieser Ablagerung eingebettet; sie haben gewöhnlich einen kleinen Geschiebestein in ihrer Mitte. Obgleich sie Concretionen so ähnlich sind, überzeugte mich doch eine nähere Untersuchung, dasz es Nulliporen waren, welche zwar ihre eigenthümliche Form beibehalten hatten, aber an ihrer Oberfläche unbedeutend abgerieben waren: es bieten diese Körper (Pflanzen, für was sie jetzt allgemein angesehen werden) unter dem Mikroskop bei gewöhnlichen Vergröszerungen keine Spur von Organisation in ihrem innern Bau dar. Mr. GEORGE R. SOWERBY ist so freundlich gewesen, die Schalthiergehäuse, welche ich gesammelt habe, zu untersuchen, es finden sich vierzehn Species darunter in einem hinreichend vollkommenen Zustande, um ihre Charactere mit irgend einem Grade von Sicherheit zu bestimmen, und vier, welche nur in Bezug auf die Gattung, zu der sie gehören, bestimmt werden können. Von den vierzehn Muscheln, deren Verzeichnis im Anhange mitgetheilt wird, sind elf recente Species; eine davon,

14

obschon noch unbeschrieben, ist vielleicht mit einer Art identisch, welche ich im Hafen von Porto Praya lebend gefunden habe; die zwei noch übrigen Arten sind noch unbekannt und von Mr. SOWERBY beschrieben worden. So lange als die Schalthiere dieses Archipels und der benachbarten Küsten nicht besser bekannt sind, würde es voreilig sein zu behaupten, dasz selbst diese beiden letzten Species ausgestorben wären. Die Zahl von Species, welche mit Sicherheit zu den noch jetzt lebenden gehören, ist freilich nur gering, aber doch immerhin grosz genug, um zu beweisen, dasz diese Ablagerung einer späten tertiären Periode angehört. Nach ihren mineralogischen Merkmalen, nach der Anzahl und Grösze der eingeschlossenen Fragmente und nach dem so reichlichen Vorhandensein von Patellen und andern littoralen Muscheln ist es wohl offenbar, dasz die ganze Schicht in einem seichten Meerestheile in der Nähe eines alten Küstengebiets zur Ablagerung gelangte.

Wirkungen, welche durch das Flieszen der darüber liegenden basaltischen Lava über die kalkige Ablagerung auf letztere hervorgebracht worden sind – Diese Wirkungen sind sehr merkwürdig. Die kalkige Masse ist bis zur Tiefe von ungefähr einem Fusze unter der Verbindungslinie hinab verändert worden; und es läszt sich eine äuszerst vollkommene Abstufung verfolgen von lose zusammengeballten kleinen Stückchen von Schalthiergehäusen, Corallinen und Nulliporen bis zu einer Gesteinsform, in welcher nicht eine Spur von einem mechanischen Ursprunge selbst mit dem Mikroskope erkannt werden kann. Wo die metamorphische Veränderung am gröszten ist, kommen zwei Varietäten vor. Die erste ist ein hartes, compactes, weiszes, feinkörniges Gestein, welches in einigen wenigen parallelen Linien von schwarzen, vulcanischen Partikeln gestreift und einem Sandstein ähnlich ist, welches aber bei näherer Untersuchung sich als durch und durch krystallisirt herausstellt, mit so vollkommenen Spaltungsflächen, dasz sie leicht mit dem Reflexions-Goniometer gemessen werden können. An Handstücken, bei denen die Veränderung weniger vollkommen gewesen ist, kann man, wenn sie befeuchtet und unter einer starken Lupe untersucht werden, die interessanteste Abstufung verfolgen: einige von den abgerundeten Stückchen haben die ihnen eigenthümliche Form bewahrt und andere verschmelzen unmerkbar zu der körnig-krystallinischen breiigen Masse. Die dem Wetter ausgesetzt gewesene Oberfläche dieses Steines nimmt, wie es bei gewöhnlichen Kalksteinen so häufig der Fall ist, eine ziegelrothe Färbung an.

Die zweite metamorphosirte Varietät ist gleichfalls ein hartes Gestein, aber ohne irgend welche krystallinische Structur. Sie besteht aus einem weiszen, opaken, compacten kalkigen Steine, welcher dicht mit abgerundeten, wenn auch unregelmäszigen Flecken einer weichen, erdigen, ockerartigen Substanz gefleckt ist. Diese erdige Substanz ist von einer blassen gelblich-braunen Färbung und ist augenscheinlich eine Mischung von kohlensaurem Kalk mit Eisen; sie braust mit Säuren auf, ist unschmelzbar, wird aber vor dem Löthrohr schwarz und wird magnetisch. Die abgerundete Form der minutiösen Fleckchen erdiger Substanz und die stufenweisen Übergänge bis zu ihrer vollkommenen Ausbildung, welche an einer Reihe von Handstücken verfolgt werden kann, zeigen deutlich, dasz sie sich entweder in Folge irgend eines Aggregationsvermögens, welches die erdigen Partikel unter einander besitzen, oder noch wahrscheinlicher in Folge einer starken Anziehung der Atome kohlensauren Kalkes und folglich einer Sonderung der diesen fremdartigen erdigen Substanz gebildet haben. Diese Thatsache gewährte mir bedeutendes Interesse, weil ich häufig Quarzgesteine gesehen habe (so z. B. auf den Falkland-Inseln und in den unteren silurischen Schichten der ›Stiper-stones‹ in Shropshire), welche in einer völlig analogen Art und Weise mit kleinen Fleckchen einer weiszen erdigen Substanz (erdigem Feldspath?) durchsetzt waren; und es waren gute Gründe zur Vermuthung vorhanden, dasz diese Gesteine der Wirkung der Hitze ausgesetzt gewesen waren, – eine Ansicht, welche hiernach Bestätigung erhält. Diese gefleckte Structur kann möglicherweise einen Fingerzeig abgeben, diejenigen Formationen von Quarz, welche ihre gegenwärtige Structur der Wirkung des Feuers verdanken, von denen zu unterscheiden, welche allein durch die

Wirkung des Wassers erzeugt worden sind; es lag hier ein Zweifel vor, welchen, wie ich nach meiner eigenen Erfahrung meinen möchte, die meisten Geologen erfahren haben müssen, wenn sie sandig-quarzige Districte untersuchten.

Der unterste, am meisten schlackenartige Theil der Lava hat, als er sich über die kalkige Ablagerung auf dem Grunde des Meeres ergosz, grosze Mengen einer kalkigen Substanz aufgenommen, welche jetzt eine schnee-weisze, in hohem Grade krystallinische Grundmasse einer Breccie bildet, die kleine Stücke von schwarzen, glänzenden Schlacken einschliesz. Ein wenig über dieser Lage, da wo der Kalk weniger reichlich vorhanden und die Lava mehr compact ist, nehmen kleine, aus Spiculis von Kalkspath, die von gemeinsamen Centern ausstrahlen, zusammengesetzte Kugeln die Zwischenräume in der Lavamasse ein. An einem Theile von Quail Island ist in dieser Weise der Kalk durch die Hitze der darüber liegenden Lava, wo sie nur 13 Fusz an Mächtigkeit besitzt, krystallisirt worden; auch ist die Lava nicht etwa ursprünglich dicker gewesen und ist nicht seitdem durch Verwitterung an Umfang vermindert worden, wie sich nach dem Grade der zelligen Beschaffenheit ihrer Oberfläche bestimmen läszt. Ich habe bereits bemerkt, dasz das Meer, in welchem diese Ablagerung angesammelt wurde, seicht gewesen sein musz. In diesem Falle ist daher die gasförmige Kohlensäure unter einem Drucke zurückgehalten worden, welcher verglichen mit dem, welchen Sir JAMES HALL ursprünglich als zu diesem Zwecke erforderlich hielt (eine Wassersäule von 1708 Fusz Höhe) unbedeutend erscheint; aber seit der Zeit, in dem seine Experimente angestellt wurden, ist entdeckt worden, dasz der Druck weniger mit dem Zurückhalten von Kohlensäure-Gas zu thun hat, als die Beschaffenheit der umgebenden Atmosphäre; und daher kommt es, wie es nach FARADAY's[2] Angabe wohl der Fall ist, dasz Massen von Kalk zuweilen selbst in gewöhnlichen Kalköfen geschmolzen und krystallisirt werden. Kohlensaurer Kalk kann nach FARADAY's Angabe beinahe auf jeden beliebigen Grad in einer Atmosphäre von kohlensaurem Gas erhitzt werden, ohne zersetzt zu werden, und GAY LUSSAC hat gefunden, dasz Kalkstücke, in eine Röhre gelegt und bis zu einem Grade erhitzt, welcher an sich noch nicht ihre Zersetzung verursacht, doch sofort ihre Kohlensäure abgeben, wenn ein Strom von gewöhnlicher Luft oder von Dampf über sie hingeleitet wird: GAY LUSSAC schreibt dies der mechanischen Verdrängung der im Freiwerden begriffenen gasförmigen Kohlensäure zu. Die kalkige Masse unterhalb der Lava und besonders jene, welche die krystallinischen Spiculae in den Lücken zwischen den Schlacken bildet, konnte, trotzdem sie in einer wahrscheinlich hauptsächlich aus Dampf zusammengesetzten Atmosphäre erhitzt wurde, doch nicht den Einwirkungen eines durchtretenden Dampfstroms ausgesetzt gewesen sein; und daher kommt es vielleicht, dasz sie unter einem Drucke geringeren Grades ihre Kohlensäure behalten hat.

Die in der krystallinischen kalkigen Grundmasse eingeschlossenen Schlackenbruchstücke sind von einer pech-schwarzen Farbe und haben einen glänzenden Bruch wie Pechstein. Indessen ist ihre Oberfläche mit einer Schicht einer röthlich-orangenen, durchscheinenden Substanz überzogen, welche leicht mit einem Messer abgekratzt werden kann; sie sieht daher aus, als wäre sie von einer dünnen Schicht Lack bedeckt. Einige der kleineren Fragmente sind theilweise durch und durch in diese Substanz verwandelt, eine Umänderung, welche von gewöhnlicher Zersetzung gänzlich verschieden zu sein scheint. Auf dem Galapagos-Archipel werden (wie in einem spätern Capitel beschrieben werden wird) grosze Lager aus vulcanischer Asche und Schlackenstückchen gebildet, welche eine ganz ähnliche Veränderung erlitten haben.

Die Ausdehnung und die horizontale Lagerung der kalkigen Schicht – Die Begrenzungslinie der oberen Fläche der kalkigen Schicht, welche so auffallend ist, weil sie vollkommen weisz und beinahe ganz horizontal ist, zieht sich der Küste entlang in der Höhe von ungefähr 60 Fusz über dem Meere meilenweit hin. Die Basaltlage, von welcher sie bedeckt wird, ist im Mittel 80 Fusz dick. Westlich von Porto Praya jenseits Red Hill ist die weisze Kalkschicht mit dem darüber liegenden Basalt von noch neuern Strömen bedeckt. Nördlich von Signal Post Hill konnte ich sie mit dem Auge verfolgen, wie

18

sie sich mehrere Meilen weit den Uferklippen entlang hinzog. Die hierbei beobachtete Entfernung beträgt ungefähr 7 Meilen; nach ihrer Regelmäszigkeit kann ich aber nicht zweifeln, dasz sie sich noch viel weiter erstreckt. In einigen rechtwinklig auf die Küste treffenden Schluchten sieht man, dasz sie sanft nach dem Meere zu einfällt, wahrscheinlich mit derselben Neigung, unter welcher sie rings um die alten Ufer der Insel abgelagert wurde. Ich habe landeinwärts nur einen einzigen Durchschnitt gefunden, nämlich am Fusze des mit A bezeichneten Berges, wo diese Schicht in der Höhe von einigen hundert Fusz exponirt war; sie ruhte auf dem gewöhnlichen augitischen mit Wacke vergesellschafteten Gesteine, und wurde von dem weit verbreiteten Lager neuer basaltischer Lava bedeckt. In Bezug auf die horizontale Lagerung der weiszen Schicht kommen einige Ausnahmen vor: auf Quail Island liegt ihre obere Fläche nur 40 Fusz über dem Meeresspiegel; auch beträgt hier die Lavadecke nur zwischen 12 und 15 Fusz an Mächtigkeit; andererseits erhält auf der nordöstlichen Seite vom Hafen von Porto Praya die kalkige Schicht ebenso wie das Gestein, auf welchem sie ruht, eine das mittlere Niveau übersteigende Höhe: die Ungleichheit des Niveaus in diesen beiden Fällen ist, wie ich meine, nicht eine Folge einer ungleichen Erhebung, sondern ist durch Unregelmäszigkeiten auf dem Meeresgrunde verursacht worden. Für diese Thatsache, wie sie sich auf Quail Island darstellt, fand sich ein offenbarer Beweis darin, dasz die kalkige Ablagerung an einer Stelle von einer viel bedeutenderen Mächtigkeit war, als sie im Mittel zeigte, und dasz sie an einer andern Stelle gänzlich fehlte; in diesem letztern Falle ruhten die modernen basaltischen Lava-Massen direct auf denen älteren Ursprungs.

Fig. 2. Signal Post Hill.
(A) Alte vulcanische Gesteine. B) Kalkige Schicht. C) Obere basaltische Lava.

19

Unter dem Signal-Posten-Berge fällt die weisze Schicht in einer merkwürdigen Art und Weise in das Meer hinein. Dieser Berg ist kegelförmig, 450 Fusz hoch und zeigt noch einige Spuren davon, dasz er einen craterförmigen Bau gehabt hat; er ist hauptsächlich aus Massen zusammengesetzt, welche später nach der Emporhebung der groszen basaltischen Ebene ausgeworfen worden sind, zum Theil aber aus Lava von augenscheinlich submarinem Ursprung und beträchtlich hohem Alter. Die den Berg umgebende Ebene, ebenso wie die östliche Seite desselben ist in steile, in das Meer überhängende Abstürze ausgewaschen worden. An diesen steilen Abstürzen kann man die weisze kalkige Schicht in einer Höhe von ungefähr 70 Fusz oberhalb des Meeresstrandes für einige Meilen weit nach Norden und Süden vom Berge aus in einer, dem Anscheine nach vollkommen horizontalen Linie hinlaufen sehen; aber auf einer Strecke von einer Viertel Meile Länge direct unter dem Berge fällt sie in das Meer ein und verschwindet. Auf der südlichen Seite ist das Fallen ganz allmählich, auf der nördlichen dagegen ist es plötzlicher, wie es in beistehendem Holzschnitt zu sehen ist. Da weder die kalkige Schicht, noch die darüber liegende basaltische Lava (so weit die letztere von den noch neueren Auswurfsmassen unterschieden werden kann) dem Anscheine nach an Dicke zunehmen, wo sie einfallen, so schlieze ich hieraus, dasz diese Schichten nicht ursprünglich in einer Mulde angehäuft wurden, deren Mittelpunkt später ein Eruptionspunkt geworden ist, sondern dasz sie später gestört und verbogen worden sind. Wir können annehmen, entweder, dasz Signal Post Hill nach seiner Emporhebung mit dem umgebenden Lande gesunken ist, oder dasz er niemals zu der nämlichen Höhe wie jenes emporgehoben worden ist. Dies letztere scheint mir die allerwahrscheinlichste Alternative zu sein; denn während der langsamen und gleichmäszigen Erhebung dieses Theils der Insel wird aller Wahrscheinlichkeit nach die unterirdische bewegende Kraft, da sie einen Theil ihrer Wirkung auf das wiederholte Auswerfen von vulcanischer Masse aus dem Innern unterhalb dieses Punktes verwandt hat, weniger Fähigkeit gehabt haben, denselben in die Höhe zu heben. Etwas ganz Ähnliches scheint in der Nähe des Red Hill vorgekommen zu sein; denn als ich die

20

bloszliegenden Ströme von Lava von der Nähe von Porto Praya aus aufwärts nach dem Innern der Insel hin verfolgte, wurde ich stark zu vermuthen veranlaszt, dasz die Neigung des Landes seit der Zeit, wo die Lava geflossen war, unbedeutend modificirt worden ist, entweder dadurch, dasz in der Nähe von Red Hill eine geringe Senkung eingetreten ist, oder dadurch, dasz jener Theil der Ebene während der Erhebung des ganzen Gebiets nur bis zu einer geringeren Höhe emporgehoben worden ist.

Die basaltische Lava, welche die kalkige Ablagerung überlagert – Die Lava ist von einer blasz blauen Farbe und schmilzt vor dem Löthrohre zu einem schwarzen Email: ihr Bruch ist beinahe erdig, concretionär uneben; sie enthält Olivin in kleinen Körnern. Die centralen Theile der Masse sind compact oder höchstens von einigen wenigen minutiösen Höhlungen fein gekerbt oder punktirt und häufig säulenförmig abgesondert. Auf Quail Island hatte die Lava diese Structur in einer sehr auffallenden Art angenommen; sie war an der einen Stelle in horizontale Lamellen getheilt, welche an einer andern Stelle durch senkrechte Spalten in fünfseitige Tafeln zerspalten waren; und diese wiederum, eine auf die andere gehäuft verschmolzen unmerklich unter einander und bildeten schöne symmetrische Säulen. Die untere Oberfläche der Lava ist blasig, aber zuweilen nur bis zur Dicke von einigen wenigen Zollen; die obere Fläche, welche gleichfalls blasig ist, ist in Kugeln getheilt, welche, häufig selbst bis zu 3 Fusz im Durchmesser haltend, aus concentrischen Schichten gebildet sind. Die Masse besteht aus mehr als einem Strome; ihre totale Mächtigkeit beträgt im Mittel ungefähr 80 Fusz: die untere Partie ist sicherlich unter dem Meere hingeflossen und wahrscheinlich gleicherweise auch der obere Theil. Die hauptsächlichste Masse dieser Lava ist von den centralen Districten zwischen den auf der Holzschnitt-Karte mit A, B, C u. s. f. bezeichneten Bergen her geflossen. Die Oberfläche des Landes in der Nähe der Küste ist ganz eben und kahl; nach dem Innern zu erhebt sich das Land in aufeinander folgenden Terrassen, von denen, aus einiger Entfernung gesehen, vier gezählt werden konnten.

Vulcanische Eruptionen, welche später

21

nach der Erhebung des Küstenlandes eintraten; die ausgeworfene Masse in Verbindung mit erdigem Kalke – Diese neueren Lava-Massen sind von jenen zerstreut liegenden, kegelförmigen, röthlich-gefärbten Bergen ausgegangen, welche steil und plötzlich aus dem ebenen Lande in der Nähe der Küste aufsteigen. Ich habe einige derselben bestiegen, will aber nur einen von ihnen beschreiben, nämlich den Rothen Berg, Red Hill, welcher als Typus dieser Classe gelten kann und in einigen besondern Beziehungen merkwürdig ist. Seine Höhe beträgt ungefähr 600 Fusz; er wird aus einem hell rothen, in hohem Grade schlackigen Gestein einer basaltischen Beschaffenheit gebildet; auf der einen Seite seines Gipfels findet sich eine Höhlung, wahrscheinlich der letzte Überrest eines Craters. Mehrere von den andern Bergen dieser Classe sind, nach ihrer äuszern Form zu urtheilen, von viel vollkommeneren Cratern gekrönt. Als wir der Küste entlang hinsegelten, konnten wir ganz deutlich erkennen, dasz eine beträchtliche Masse von Lava vom Red Hill aus über eine Klippenreihe von ungefähr 120 Fusz Höhe in's Meer geflossen ist: diese Klippenreihe ist mit der in continuirlichem Zusammenhange, welche die Küste bildet, und auch die Ebene auf beiden Seiten dieses Berges begrenzt; diese Lava-Ströme wurden daher nach der Bildung der Uferklippen aus dem Rothen Berge ausgeworfen, als er schon, wie er es jetzt thut, über dem Meeresspiegel gestanden haben musz. Diese Schluszfolgerung stimmt mit dem in hohem Grade schlackigen Zustande sämmtlichen Gesteins an ihm überein, welches als an der Luft entstanden erscheint; und dies ist von Wichtigkeit, da sich in der Nähe seines Gipfels einige Schichten einer kalkigen Substanz finden, welche nach einem flüchtigen Blicke fälschlich für eine untermeerische Bildung genommen werden könnten. Diese Schichten bestehn aus weiszem, erdigem kohlensaurem Kalke, welcher so auszerordentlich zerreiblich ist, dasz er mit dem geringsten Drucke zerquetscht werden kann; die compactesten Handstücke widerstehn nicht einmal dem Drucke der Finger. Manche von diesen Massen sind so weisz wie ungelöschter Kalk und augenscheinlich absolut rein; untersucht man sie aber näher mit der Lupe, so sind immer minutiöse Stückchen von Schlacken zu sehn, und ich habe keine finden können, welche nicht, wenn sie in Säuren aufgelöst wurden, einen Rückstand von dieser Beschaffenheit hinterlassen hätten. Es ist überdies schwierig, ein Stückchen von diesem Kalke zu finden, welches nicht vor dem Löthrohre die Farbe änderte; die meisten derselben werden sogar glasirt. Die schlackigen Bruchstücke und die kalkige Masse sind in der allerunregelmäszigsten Art und Weise mit einander verbunden, zuweilen zu undeutlichen Schichten, aber viel allgemeiner zu einer verwirrten Breccie, in welcher an einigen Stellen der Kalk und an andern Stellen die Schlacken am reichlichsten vertreten sind. Sir HENRY DE LA BECHE ist so freundlich gewesen, einige von den reinsten Handstücken analysiren zu lassen, in der Absicht um nachzuweisen, ob sie, in Anbetracht ihres vulcanischen Ursprungs, viel Magnesia enthielten; es wurde indessen nur eine geringe Menge davon gefunden, so wie sie in den meisten Kalksteinen vorhanden ist.

Bruchstücke der in der kalkigen Masse eingebetteten Schlacken bieten, wenn sie zerbrochen werden, die Erscheinung dar, dasz viele von ihren zelligen Räumen mit einem weiszen, zarten, ganz excessiv zerbrechlichen, moosartigen oder vielmehr confervenähnlichen Netzwerk von kohlensaurem Kalke ausgekleidet und theilweise erfüllt sind. Die Fasern dieses Maschenwerkes erscheinen unter einer Lupe von einem Zehntel Zoll Focaldistanz untersucht, cylindrisch; sie messen eher etwas mehr als ein Tausendstel Zoll im Durchmesser; sie sind entweder einfach verzweigt oder noch gewöhnlicher zu einer Masse eines unregelmäszigen Netzwerks verbunden, dessen Maschen von sehr ungleicher Grösze und ungleicher Seitenzahl sind. Manche von den Fasern sind dick mit äuszerst minutiösen Spiculis bedeckt, welche gelegentlich zu kleinen Büscheln zusammengeballt sind; in Folge dessen haben sie ein haariges Ansehn. Diese Spiculae sind ihrer ganzen Länge nach von dem nämlichen Durchmesser; sie lösen sich leicht ab, so dasz der Objectträger des Mikroskops bald ganz von ihnen überstreut ist. Innerhalb der zelligen Räume vieler Fragmente von Schlacken bietet der Kalk diese faserige Structur dar, aber meistens in einem weniger vollkommenen Grade. Diese zelligen Hohlräume hängen augenscheinlich nicht einer mit dem andern zusammen. Wie sofort gezeigt werden wird, kann es nicht bezweifelt werden, dasz der Kalk untermischt mit Lava im flüssigen Zustand zum Ausbruch gelangte; ich habe es daher für der Mühe werth gehalten, minutiös diese merkwürdige faserige Structur zu beschreiben, von welcher mir nichts Analoges bekannt ist. Wegen der erdigen Beschaffenheit der Fasern ist diese Structur dem Anscheine nach nicht mit einer Krystallisation verwandt.

An andern Bruchstücken des schlackigen Gesteins von diesem Berge sieht man häufig, wenn sie zerbrochen werden, dasz sie mit kurzen und unregelmäszigen weiszen Streifen gezeichnet sind; es ist dies eine Folge davon, dasz eine Reihe einzelner Zellen entweder zum Theil oder gänzlich mit weiszem kalkigem Pulver erfüllt ist. Diese Structur erinnerte mich sofort an das Aussehn von Gebäck mit schlecht gekneteten Teig, an Kugeln und lang ausgezogene Streifen von Mehl, welche unvermischt mit dem übrigen Teig zurück geblieben sind; und ich kann nicht daran zweifeln, dasz kleine Massen von Kalk in derselben Weise unvermischt mit der flüssigen Lava geblieben, und lang ausgezogen worden sind, als die ganze Masse in Bewegung war. Ich habe sorgfältig, durch Zerkleinerung und Auflösung in Säuren, Stücke der Schlacken untersucht, nicht ganz einen halben Zoll von jenen zelligen Räumen entfernt, welche mit kalkigem Pulver gefüllt waren, und sie enthielten nicht ein Atom von freiem Kalke. Es ist hier augenfällig, dass die Lava und der Kalk in groszem Maszstabe nur unvollkommen mit einander gemischt worden sind; und wo kleine Portionen Kalk innerhalb eines Stückes der zähflüssigen Lava eingehüllt worden sind, ist der Umstand, dasz sie jetzt in Form eines Pulvers oder eines faserigen Netzwerks die blasigen Hohlräume einnehmen, wie ich meine, offenbar eine Folge davon, dasz die eingeschlossenen Gase sich am leichtesten an den Punkten ausgedehnt haben, wo der nicht zusammenhängende Kalk die Lava weniger klebrig machte.

Eine Meile östlich von der Stadt Praya findet sich eine ungefähr 150 Yards breite Schlucht mit steilen Seitenwänden, welche durch die basaltische Ebene und die darunter liegenden Schichten eingeschnitten gewesen, aber seitdem durch einen Strom noch neuerer Lava wieder ausgefüllt worden ist. Diese Lava ist dunkel grau und an den meisten Stellen compact und grob säulenförmig; aber in einer geringen Entfernung von der Küste schliest sie in einer unregelmäszigen Art und Weise eine breccienartige Masse von rothen Schlacken ein, welche untermischt sind mit einer beträchtlichen Quantität weiszen, zerreiblichen, und an einigen Stellen beinahe rein erdigen Kalkes, ähnlich dem am Gipfel des Red Hill. Diese Lava mit dem eingeschlossenen Kalke ist sicherlich in der Form eines regelmäszigen Stromes herabgeflossen, und nach der Gestaltung der Schlucht zu urtheilen, nach welcher der Wasserabflusz des Landes (so unbedeutend er auch gegenwärtig sein mag) noch immer hin gerichtet ist, und nach der äuszern Erscheinung der Schicht von losen vom Wasser abgenagten Blöcken, deren Zwischenräume, wie in dem Fluszbett eines Bergstromes, nicht ausgefüllt sind, einer Schicht, auf welcher die Lava ruht, können wir schlieszen, dasz der Strom an der Luft (nicht unter Wasser) seinen Ursprung hatte. Ich bin nicht im Stande gewesen, ihn bis zu seiner Quelle zu verfolgen, aber seiner Richtung zufolge scheint er vom Signal-Post-Berge hergekommen zu sein, welcher eine und eine Viertel Meile entfernt liegt und ähnlich wie Red Hill ein Eruptionspunkt noch nach der Emporhebung der groszen basaltischen Ebene gewesen ist. Es steht in Übereinstimmung mit dieser Ansicht, dasz ich auf dem Signal-Post-Berge eine Masse von erdiger kalkiger Substanz von der nämlichen Beschaffenheit mit Schlacken vermischt gefunden habe. Ich will hier bemerken, dasz ein Theil der kalkigen Masse, welche das horizontale sedimentäre Lager und besonders die feinere Substanz bildet, mit welcher die eingeschlossenen Gesteinsbruchstücke wie mit einer Tünche überzogen sind, wahrscheinlich von ähnlichen vulcanischen Eruptionen herrührt, ebenso wie von der Zerkleinerung organischer Reste: die darunter liegenden, alten, krystallinischen Gesteine sind gleichfalls mit kohlensaurem Kalke reichlich untermischt, welcher amygdaloide Hohlräume erfüllt und unregelmäszige Massen bildet; die Natur dieser letzteren bin ich nicht im Stande gewesen zu verstehn.

In Anbetracht der auszerordentlich reichlichen Menge von erdigem Kalke in der Nähe des Gipfels von Red Hill, einem vulcanischen Kegel von 600 Fusz Höhe und von einem nicht submarinen Ursprung, sondern an der Luft entstanden, – in Anbetracht der innigen Art und Weise, in welcher äuszerst kleine Partikel und grosze Massen von Schlacken in den Massen beinahe reinen Kalkes eingebettet sind, und andererseits der Art, in welcher kleine Kerne und Streifen des kalkigen Pulvers in soliden Schlackenstücken eingeschlossen sind, – in Anbetracht ferner des ähnlichen Vorkommens von Kalk und Schlacken innerhalb eines Lavastromes, von dem mit triftigen Gründen angenommen wird, dasz er gleichfalls modernen, an der Luft erfolgten Ursprungs ist, und dasz er von einem Berge aus herabgeflossen ist, wo auch erdiger Kalk vorkommt: – in Anbetracht aller dieser Thatsachen läszt sich, glaube ich, nicht daran zweifeln, dasz der Kalk mit der geschmolzenen Lava vermischt zum Ausbruche gelangt ist. Mir ist nicht bekannt, dasz irgend ein ähnlicher Fall beschrieben worden ist: wie es mir erscheint, ist er ein interessanter, umsomehr als die meisten Geologen doch über die wahrscheinlichen Wirkungen eines vulcanischen Heerdes Betrachtungen angestellt haben müssen, welcher durch tief gelagerte Schichten von verschiedener mineralogischer Zusammensetzung ausbricht. Der grosze Reichthum an freier Kieselerde in den Trachyten mancher Länder (wie BEUDANT aus Ungarn und P. SCROPE von den Ponza Inseln beschrieben haben) wird vielleicht durch die Annahme tief liegender Quarzschichten erklärt; und wir sehn wahrscheinlich hier eine ähnliche Antwort auf die Frage nach der Abkunft eines bestimmten Elements, wo die vulcanische Thätigkeit unten liegende Massen eines Kalksteins durchsetzt hat. Man wird natürlich dazu veranlaszt, sich darüber eine Vermuthung zu bilden, in welchem Zustande der gegenwärtig erdige kohlensaure Kalk existirt hat, als er mit der intensiv erhitzten Lava ausgeworfen wurde: nach der auszerordentlich zelligen Beschaffenheit der Schlacken auf dem Red Hill zu urtheilen, kann der Druck nicht grosz gewesen sein; und da die meisten vulcanischen Eruptionen von Auswürfen groszer Mengen von Dampf und andern Gasen begleitet werden, so haben wir hier, nach den gegenwärtig von den Chemikern vertretenen Ansichten, die allergünstigsten Bedingungen für das Austreiben von Kohlensäure[3]. Es kann nun gefragt werden: hat die langsam wieder eintretende Absorption dieses Gases dem Kalke in den zelligen Hohlräumen der Lava jene eigenthümliche faserige Structur, wie die eines efflorescirenden Salzes gegeben? Endlich will ich noch auf den groszen Contrast hinweisen, der in dem äuszeren Aussehen dieses erdigen Kalkes, welcher in einer freien Atmosphäre von Dampf und andern Gasen erhitzt worden sein musz, und des weiszen, krystallinischen, kalkigen Spaths besteht, welcher von einer dünnen einzelnen Lavaschicht (wie auf Quail Island) hervorgebracht worden ist, die über ähnlichen erdigen Kalk und zerfallene organische Reste am Grunde eines seichten Meeres hingeflossen ist.

Signal Post Hill – Dieser Berg ist bereits mehrere Male erwähnt worden, besonders in Bezug auf die merkwürdige Art und Weise, in welcher die weisze kalkige Schicht, welche an andern Orten so horizontal ist, unter ihm in das Meer hineinfällt (s. Holzschnitt Fig. 2). Er hat einen breiten Gipfel mit undeutlichen Spuren einer craterförmigen Structur und wird aus basaltischen Gesteinen[4] gebildet, von denen einige compact, andere in hohem Grade zellig sind, mit geneigten Schichten loser Schlacken; von denen einige mit erdigem Kalke untermischt sind. Wie Red Hill ist er die Quelle von Eruptionen gewesen, welche nach der Emporhebung der umgebenden basaltischen Ebene eingetreten sind; aber verschieden von jenem Berge hat er beträchtliche Denudation erlitten und ist bereits der Sitz vulcanischer Thätigkeit in einer weit zurückliegenden Zeit gewesen, als er noch unter dem Meeresspiegel lag. Ich folgere dies letztere aus dem Umstande, dasz ich auf seiner landeinwärts gelegenen Seite die letzten Überreste von drei kleinen Eruptionspunkten gefunden habe. Diese Stellen bestehn aus glänzenden Schlacken, welche durch krystallinischen kalkigen Spath mit einander verkittet sind, genau dem der groszen submarinen kalkigen Ablagerung gleich, wo die heisze Lava über dieselbe geflossen ist; ihr gestörter Zustand kann, wie ich meine, nur durch die denudirende Wirkung der

Meereswellen erklärt werden. Ich wurde zu der ersten Öffnung dadurch geführt, dasz ich eine ungefähr 200 Yards im Geviert messende Lavafläche mit ziemlich steilen Seiten fand, welche auf der basaltischen Ebene gelagert war, ohne irgend einen Hügel in der Nähe, von welchem dieselbe hätte zum Ausbruch gelangen können, und die einzige Spur eines Craters, welche ich zu entdecken im Stande war, bestand aus einigen geneigten Schichten von Schlacken an einem seiner Ränder. In der Entfernung von 50 Yards von einem zweiten ebengipfeligen Lavaflecken, der aber von geringerer Grösze war, fand ich eine unregelmäszige kreisförmige Masse von cementirter, schlackenhaltiger Breccie, ungefähr von 6 Fusz Höhe, welche ohne Zweifel früher einmal den Eruptionspunkt gebildet hat. Die dritte Öffnung ist jetzt nur noch durch einen unregelmäszigen Kreis unter einander verkitteter Schlacken von ungefähr 4 Yards im Durchmesser bezeichnet, welcher in seinem höchsten Punkte kaum 3 Fusz über das Niveau der umgebenden Ebene sich erhebt, deren Oberfläche dicht rings herum ihr gewöhnliches Aussehn darbietet: wir haben daher hier einen horizontalen durch die Basis gelegten Durchschnitt eines vulcanischen Ventils, welches zusammen mit der durch dasselbe ausgeworfenen Masse beinahe ganz und gar verwischt ist.

Der Lavastrom, welcher die enge Schlucht[5] erfüllt, östlich von der Stadt Praya, scheint, nach seinem Laufe zu urtheilen, wie bereits vorhin bemerkt wurde, von dem Signal-Post-Hügel gekommen und über die Ebene nach deren Emporhebung geflossen zu sein: dieselbe Bemerkung gilt auch für einen Strom (möglicherweise nur ein Theil des nämlichen), welcher die Uferklippen ein wenig östlich von der Schlucht überlagert. Als ich diese Ströme über die steinige horizontale Ebene zu verfolgen versuchte, welche beinahe ganz von Erde und Pflanzenwuchs entblöszt ist, war ich sehr überrascht zu finden, dasz, obgleich sie aus harter basaltischer Masse gebildet und keiner Abnutzung durch das Meer ausgesetzt gewesen sind, doch jede deutliche Spur von ihnen bald gänzlich verloren gieng. Ich habe indessen seitdem auf dem Galapagos-Archipel beobachtet, dasz es häufig ganz unmöglich ist, selbst grosze Überschwemmungen von völlig recenter Lava quer über alten Strömen zu verfolgen, ausgenommen durch die Grösze der auf ihnen wachsenden Gebüsche oder durch den verhältnismäszigen Grad von Glänzend-sein ihrer Oberfläche, – Merkmale, welche gänzlich zu verwischen selbst eine kurze Zeitdauer vollständig genügen würde. Ich will noch bemerken, dasz in einem ebenen Lande mit einem trockenen Clima und wo die Winde beständig in einer Richtung wehn (wie auf den Inseln des Capverdischen Archipels) die Wirkungen der atmosphärischen Zerstörung wahrscheinlich viel gröszer sind, als auf den ersten Blick hätte erwartet werden können; denn in diesem Falle sammelt sich Erde nur in einigen wenigen geschützten Höhlungen an, und da sie stets in einer Richtung fortgeweht wird, so schreitet sie immer in der Form des feinsten Staubes nach dem Meere zu weiter und läszt die Oberfläche der Gesteine kahl, so dasz dieselben der vollen Einwirkung der sich beständig erneuernden meteorischen Kräfte ausgesetzt werden.

L a n d e i n w ä r t s   g e l e g e n e   B e r g e   v o n   ä l t e r e m   v u l c a n i s c h e n   G e s t e i n. – Diese Berge sind auf dem Holzschnittkärtchen nach dem Augenmaze eingetragen und mit A, B, C u. s. w. bezeichnet. In ihrer mineralogischen Zusammensetzung sind sie mit den untersten der an der Küste dem Blicke ausgesetzten Gesteinsmassen verwandt und stehn wahrscheinlich mit denselben in directem continuirlichem Zusammenhang. Werden diese Berge aus der Entfernung gesehn, so erscheinen sie so, als hätten sie früher einmal einen Theil eines unregelmäszigen Tafellandes gebildet, und nach ihrer sich entsprechenden Structur und Zusammensetzung zu urtheilen, ist dies wahrscheinlich der Fall gewesen. Sie haben platte, unbedeutend geneigte Gipfel und sind im Mittel ungefähr 600 Fusz hoch; sie bieten ihre steilsten Abhänge dem Innern der Insel zu dar, von welchem Punkte aus sie nach auszen hin strahlenförmig sich verbreiten, und sind von einander durch breite und tiefe Thäler getrennt, durch welche die groszen Lavaströme, welche die Küstenebenen bilden, herabgekommen sind. Ihre inneren und steileren Abdachungen sind in einer unregelmäszig gekrümmten Linie angeordnet, welche in grobem Umrisz der Uferlinie folgt, zwei oder drei Meilen landeinwärts davon gelegen. Ich habe einige wenige dieser Berge

29

bestiegen, und von andern, welche ich im Stande war mit einem Teleskope zu untersuchen, habe ich durch die Freundlichkeit Mr. KENT's, des Assistenz-Arztes des ›Beagle‹, Handstücke erhalten; obgleich ich auf diese Weise nur mit einem, fünf oder sechs Meilen langen Theile der Reihe bekannt geworden bin, so möchte ich doch wegen ihrer gleichförmigen Structur kaum zögern, bestimmt auszusprechen, dasz sie Theile einer einzigen groszen Formation sind, welche sich um ein groszes Stück des Umfangs der Insel herum erstreckt.

Die obern und untern Gesteinsschichten dieser Berge sind in ihrer Zusammensetzung bedeutend von einander verschieden. Die oberen sind basaltisch, meistens compact, aber zuweilen auch schlackig und amygdaloid, mit Massen von Wacke verbunden: da wo der Basalt compact ist, ist er entweder feinkörnig oder in sehr grober Art krystallisirt, im letztern Falle geht er in ein augitisches, viel Olivin enthaltendes Gestein über; der Olivin ist entweder farblos oder von den gewöhnlichen gelben und trübe rothen Schattirungen. Auf manchen von diesen Bergen sind Schichten von kalkiger Substanz, sowohl in einer erdigen als in einer krystallinischen Form, welche Fragmente glänzender Schlacken enthalten, mit den basaltischen Lagern verbunden. Diese Lager sind von den Strömen basaltischer Lava, welche die Küstenebenen bilden, nur darin verschieden, dasz sie compacter sind und dasz die Augitkrystalle und die Körner von Olivin von viel bedeutenderer Grösze sind: – Charactere, welche mich, mit der äuszern Erscheinung der mit ihnen verbundenen kalkigen Schichten zusammengehalten zu der Annahme bestimmen, dasz sie submariner Bildung sind.

Einige beträchtliche Massen von Wacke, welche mit diesen basaltischen Schichten verbunden sind, und welche in gleicher Weise in der basalen Reihe an der Küste, besonders auf Quail Island vorkommen, sind merkwürdig. Sie bestehn aus einer blassen gelblich-grünen thonartigen Substanz, von krümlicher Textur wenn sie trocken, aber fettig-schmierig, wenn sie feucht ist: in ihrer reinsten Form ist sie von einer wundervollen grünen Färbung mit durchscheinenden Rändern und gelegentlich mit undeutlichen Spuren einer ursprünglichen Spaltbarkeit. Vor dem Löthrohre schmilzt sie sehr leicht zu einer dunkel-grauen und zuweilen selbst schwarzen Perle, welche in unbedeutendem Grade magnetisch ist. Nach diesen Characteren glaubte ich natürlich, dasz es eine der zersetzten blaszen Species der Gattung Augit wäre, – eine Folgerung, welche dadurch unterstützt wurde, dasz das nicht veränderte Gestein voll von einzelnen groszen Krystallen von schwarzem Augit und von Kugeln und unregelmäszigen Streifen einer dunkel-grauen augitischen Gesteinsart war. Da der Basalt gewöhnlich aus Augit besteht und aus Olivin, welcher häufig gefleckt und von einer schmutzig rothen Färbung ist, so wurde ich darauf geführt, die einzelnen Stadien der Zersetzung dieses letzteren Minerals zu untersuchen; und da fand ich denn zu meiner Überraschung, dasz ich eine beinahe vollkommene Abstufungsreihe von unverändertem Olivin an bis zu der grünen Wacke verfolgen konnte. Ein Theil eines und des nämlichen Korns verhielt sich in einigen Fällen vor dem Löthrohre wie Olivin, seine Farbe wurde nur unbedeutend verändert, und ein andrer Theil ergab eine schwarze magnetische Perle. Ich kann daher nicht daran zweifeln, dasz die grünliche Wacke ursprünglich als Olivin existirte; es müssen indessen bedeutende chemische Veränderungen während des Actes der Zersetzung bewirkt worden sein, um in dieser Weise ein sehr hartes, durchscheinendes, unschmelzbares Mineral in eine weiche, schmierige, leicht schmelzbare, thonartige Substanz umzuwandeln[6].

Die basalen Schichten dieser Berge, ebenso wie einiger benachbarter, getrennt stehender, kahler, abgerundeter Hügel, bestehn aus compacten, feinkörnigen, nicht krystallinischen (oder so unbedeutend krystallinisch, dasz es kaum bemerkbar ist), eisenschüssigen, feldspathigen Gesteinsarten, welche sich meistens im Zustande einer halben Zersetzung finden. Ihr Bruch ist auszerordentlich unregelmäszig und splittrig; doch sind kleine Bruchstücke häufig sehr zähe. Sie enthalten viel eisenhaltige Substanz entweder in der Form minutiöser Körner mit einem metallischen Glanze oder in der Form brauner haarähnlicher Fäden; das Gestein nimmt in diesem letzteren Falle eine pseudo-breccien-artige Structur an. Diese Gesteine

31

enthalten zuweilen Glimmer und Adern von Achat. Ihre rostig braune oder gelbliche Farbe ist zum Theil Folge der Anwesenheit von Eisenoxyden, aber hauptsächlich von unzähligen mikroskopisch kleinen schwarzen Flecken, welche, wenn ein Bruchstück erhitzt wird, leicht schmelzen und offenbar entweder Hornblende oder Augit sind. Diese Gesteine enthalten daher, trotzdem sie auf den ersten Blick wie gebrannter Thon oder wie irgend eine veränderte sedimentäre Ablagerung erscheinen, doch alle die wesentlichen Bestandtheile des Trachyts; sie weichen von demselben nur dadurch ab, dasz sie nicht hart sind und dasz sie keine Krystalle von glasigem Feldspath enthalten. Wie es so häufig mit trachytischen Formationen der Fall ist, so ist hier keine Stratification bemerkbar. Man würde wohl nicht leicht glauben mögen, dasz diese Gesteine als Lava geflossen sein könnten; und doch finden sich auf St. Helena (wie in einem der folgenden Capitel beschrieben werden wird) gut characterisirte Ströme von beinahe ähnlicher Zusammensetzung. Mitten unter den aus diesen Gesteinsarten bestehenden Hügeln fand ich an drei Stellen glatte kegelförmige Hügel von Phonolith, welcher auszerordentlich reich an schönen Krystallen von glasigem Feldspath und an Hornblende-Nadeln war. Diese Kegel von Phonolith stehn, wie ich meine, in demselben Verhältnis zu den umgebenden feldspathhaltigen Schichten, in dem an einer andern Stelle der Insel einige Massen eines grob-krystallisirten augitischen Gesteins zu dem umgebenden Basalt stehn: ich glaube nämlich, dasz beide injicirt sind. Dasz die Gesteine von einer feldspathigen Beschaffenheit ihrem Ursprunge nach früher vorhanden waren, als die basaltischen Schichten, welche sie bedecken, und auch als die basaltischen Ströme der Küstenebenen, stimmt mit der gewöhnlichen Reihenfolge dieser beiden groszen Abtheilungen der vulcanischen Reihe überein.

Die Schichten der meisten dieser Berge sind im oberen Theile, wo die Begrenzungsebenen allein zu unterscheiden sind, unter einem kleinen Winkel vom Innern der Insel aus nach der Meeresküste zu geneigt. Die Neigung ist nicht an jedem Berge dieselbe; in dem mit A bezeichneten ist sie geringer als in den B, D oder E bezeichneten; bei dem Berge C sind die Schichten kaum aus der horizontalen Ebene heraus gebogen, und bei F sind sie (so weit ich es beurtheilen konnte, ohne den Berg selbst zu besteigen) unbedeutend in der umgekehrten Richtung geneigt, d. h. einwärts und nach dem Mittelpunkte der Insel zu. Ungeachtet dieser Verschiedenheiten der Neigung scheint die Übereinstimmung in ihrer äuszern Form und in der Zusammensetzung sowohl ihrer oberen als unteren Theile, – ihre relative Stellung in einer einzigen gekrümmten Linie, mit ihren steilsten Seiten landeinwärts gekehrt, – scheint, sage ich, alles dies zu beweisen, dasz sie ursprünglich Theile eines einzigen Plateaus gebildet haben, welches Plateau sich, wie vorhin schon bemerkt wurde, wahrscheinlich um einen beträchtlichen Theil des Umfangs der Insel herum erstreckte. Die oberen Schichten sind sicherlich als Lava, und zwar wahrscheinlich unter dem Meere geflossen, wie es vielleicht auch mit den unteren feldspathigen Massen der Fall gewesen ist: wie kommt es nun, dasz diese Schichten ihre gegenwärtige Stellung einnehmen, und von woher sind sie zum Ausbruche gelangt?

In der Mitte der Insel[7] finden sich hohe Berge; sie sind aber von den steilen landeinwärts gekehrten Abhängen dieser Berge durch eine breite Strecke niedrigen Landes getrennt: überdies scheinen die im Innern gelegenen Berge die Quelle jener groszen Ströme basaltischer Lava gewesen zu sein, welche, sich bei ihrem Durchtritt zwischen den hier in Rede stehenden Bergen hindurch sich zusammenziehend, in die Küstenebenen ausgebreitet haben. Rings um die Küsten von St. Helena findet sich ein undeutlich gebildeter Ring von basaltischen Gesteinen, und auf Mauritius finden sich Überreste eines andern derartigen Ringes um einen Theil, wenn nicht um das Ganze, der Insel; hier tritt uns dann wiederum die nämliche Frage sofort entgegen: wie kommt es, dasz diese Massen ihre gegenwärtige Stellung einnehmen und von woher sind sie zum Ausbruche gelangt? Die nämliche Antwort, welches auch dieselbe immer sein mag, gilt wahrscheinlich für alle diese drei Fälle; in einem spätern Capitel werden wir auf diesen Gegenstand zurückkommen.

Thäler in der Nähe der Küste – Diese sind breit, sehr flach und meistens von niedrigen, aus Felsklippen gebildeten Seiten eingefaszt. Theile der basaltischen Ebene werden von ihnen zuweilen beinahe oder auch gänzlich isolirt, für welche Thatsache der Raum, auf welchem die Stadt Praya steht, ein Beispiel darbietet. In dem groszen Thale westlich von der Stadt ist der Boden bis zu einer Tiefe von mehr als 20 Fusz mit gut abgerundeten Rollsteinen aufgefüllt, welche an einigen Stellen durch eine weisze kalkige Masse fest mit einander verkittet sind. Nach der Form dieser Thäler kann daran kein Zweifel sein, dasz dieselben durch die Wellen des Meeres während jener gleichförmigen Erhebung des Landes ausgehöhlt worden sind, für welche die horizontale kalkige Ablagerung mit den darin enthaltenen jetzt existirenden Species mariner Fossilreste einen Beweis gibt. Bedenkt man, wie gut Schalthiergehäuse in dieser Schicht erhalten worden sind, so ist es eigenthümlich, dasz ich in dem Conglomerate auf dem Grunde der Thäler auch nicht einmal ein einziges Muschelfragment finden konnte. Die Schicht von Rollsteinen in dem Thale westlich von der Stadt wird durch ein zweites, sich mit diesem als ein Nebenthal verbindendes gekreuzt; aber selbst dieses Thal erscheint viel zu breit und flachgrundig, als dasz es durch die geringe Menge Wasser hätte gebildet werden können, welches hier nur während der einen kurzen nassen Jahreszeit niederfällt; denn zu andern Zeiten des Jahres sind diese Thäler absolut trocken.

Recentes Conglomerat – An den Ufern von Quail Island fand ich Bruchstücke von Ziegeln, eiserne Bolzen, Rollsteine und grosze Basalt-Fragmente mittelst einer spärlichen Grundmasse von unreiner kalkiger Substanz zu einem festen Conglomerate verbunden. Um zu zeigen, wie auszerordentlich fest dieses neuere Conglomerat ist, will ich erwähnen, dasz ich mit einem schweren geologischen Hammer den Versuch machte, einen dicken eisernen Bolzen herauszuschlagen, welcher ein wenig oberhalb der Ebbgrenze eingeschlossen war, dasz ich aber nicht im Stande war, dies zu erreichen.

[1] Der Umrisz der Küste, die Lage der Ortschaften, Wasserläufe und der meisten Berge auf diesem Holzschnitte sind nach der an Bord des »Leven« gemachten Karte copirt. Die plattgipfeligen Berge (A, B, C u. s. w.) sind nur nach dem Augenmasze eingezeichnet, um meine Beschreibung zu erläutern.

[2] Ich bin Mr. E. W. B r a y l e y sehr dafür verbunden, dasz er mir die folgenden Verweisungen auf Abhandlungen über diesen Gegenstand gegeben hat: F a r a d a y, in: New Philosoph. Journal, Vol. XV. p. 398; G a y L u s s a c, in: Annales de Chimie et de Physique, Tom. LXIII. p. 219, übersetzt in: London and Edinburgh Philos. Magazine, Vol. X. p. 496.

[3] So lange er noch tief unter der Oberfläche war, fand sich, wie ich vermuthe, der kohlensaure Kalk im flüssigen Zustande. Es ist bekannt, dasz H u t t o n der Ansicht war, dasz alle Mandelsteinbildungen durch Tropfen geschmolzenen Kalksteines, welche im Trapp wie Öl im Wasser schwämmen, hervorgebracht wären: dies ist ohne Zweifel falsch; wenn aber die den Gipfel des Red Hill bildende Masse unter dem Drucke eines mäszig tiefen Meeres oder innerhalb der Wände eines Gangs abgekühlt wäre, so würden wir aller Wahrscheinlichkeit nach ein mit groszen Massen compacten, krystallinischen kalkigen Spaths verbundenes Trappgestein haben, welches nach den von vielen Geologen getheilten Ansichten nur fälschlich einer spätern Infiltration zugeschrieben worden sein würde.

[4] Von diesen ist eine häufige Varietät merkwürdig, weil sie voll ist von kleinen Bruchstücken eines dunkel jaspis-rothen Minerals, welches bei sorgfältiger Untersuchung eine undeutliche Spaltbarkeit zeigt; die kleinen Fragmente sind der Form nach länglich, weich, sind ehe und nachdem sie erhitzt waren, magnetisch und schmelzen mit Schwierigkeit zu einem trüben Email. Dies Mineral ist offenbar nahe mit den Eisenoxyden verwandt; ich kann aber nicht genau ermitteln, was es ist. Das dies Mineral enthaltende Gestein ist mit kleinen Höhlungen durchsetzt, welche mit gelblichen Krystallen von kohlensaurem Kalke ausgekleidet und erfüllt sind.

[5] Die Seiten dieser Schlucht sind da, wo die obere basaltische Schicht durchsetzt wird, beinahe senkrecht. Die Lava, welche sie seitdem ausgefüllt hat, ist beinahe so fest diesen Seiten angeheftet, wie ein Gang seinen Wänden. In den meisten Fällen, wo ein Lavastrom ein Thal hinab geflossen ist, wird er auf beiden Seiten von schlackigen Massen eingefaszt.

[6] D'A u b u i s s o n, Traité de Géognosie (Tom. II. p. 569), erwähnt, nach der Autorität von M a r c e l d e S e r r e s, Massen grüner Erde aus der Nähe von Montpellier, von welcher angenommen wird, dasz sie durch Zersetzung von Olivin entstanden ist. Ich finde indessen nicht, dasz bemerkt worden ist, wie sich das Verhalten dieses Minerals vor dem Löthrohr gänzlich ändert, wenn es der Zersetzung unterliegt; und die Kenntnis dieser Thatsache ist von Wichtigkeit, da es auf den ersten Blick in hohem Grade unwahrscheinlich erscheint, dasz ein hartes, durchscheinendes, schwer aufzuschlieszendes Mineral in einen weichen, leicht schmelzlichen Thon, wie dieser von St. Jago, verwandelt würde. Ich werde später eine grüne Substanz beschreiben, welche innerhalb der

zelligen Räume einiger blasigen basaltischen Gesteine von Van-Diemens-Land Fäden bildet und sich vor dem Löthrohre wie die grüne Wacke von St. Jago verhält; aber ihr Vorkommen in cylindrischen Fäden beweist, dasz sie nicht das Resultat einer Zersetzung des Olivins sein kann, eines Minerals, welches immer in der Form von Körnern oder Krystallen existirt.

[7] Von den landeinwärts gelegenen Theilen der Insel habe ich sehr wenig gesehn. In der Nähe des Dorfes St. Domingo finden sich prachtvolle Klippen von ziemlich grob krystallisirter basaltischer Lava. Folgte man dem Laufe des kleinen Flusses in diesem Thale bis ungefähr eine Meile weit oberhalb des Dorfes, so ergab sich die Klippe als aus einem compacten, feinkörnigen Basalt gebildet, der in concordanter Lage von einer Schicht Geschiebe bedeckt war. In der Nähe von Fuentes traf ich auf warzenförmige Hügel der compacten feldspathigen Gesteinsreihe.

Zweites Capitel.

Fernando Noronha – Steil abstürzender Berg von Phonolith. – Terceira. – Trachytische Gesteine; ihre eigenthümliche Zersetzung durch Dampf von hoher Temperatur. – Tahiti. – Übergang von Wacke in Trapp; eigenthümliches vulcanisches Gestein; dessen Blasenräume halb mit Mesotyp erfüllt sind. – Mauritius. – Beweise für seine neuere Erhebung. – Structur seiner älteren Gebirge; Ähnlichkeit mit St. Jago. – St. Paul's Felsen – Nicht vulcanischen Ursprungs; – ihre eigenthümliche mineralogische Zusammensetzung.

Fernando Noronha – Während unsres kurzen Besuchs auf dieser und den folgenden vier Inseln habe ich nur sehr wenig beobachtet, was der Beschreibung werth gewesen wäre. Fernando Noronha ist im atlantischen Ocean 3° 50' s. Br. und 230 Meilen von der Küste von Süd-America entfernt gelegen. Es besteht aus mehreren einzelnen kleinen Inseln, welche zusammen 9 Meilen lang und 3 Meilen breit sind. Das Ganze scheint vulcanischen Ursprungs zu sein, obgleich kein Anzeichen irgend eines Craters oder irgend einer mittleren Erhöhung vorhanden ist. Der merkwürdigste Zug im Bilde dieser Insel ist ein 1000 Fusz hoher Berg, von welchem die oberen 400 Fusz aus einem sich steil erhebenden, eigenthümlich gestalteten Gipfel bestehn; derselbe ist aus säulenförmigem Phonolith gebildet, welcher zahlreiche Krystalle von glasigem Feldspath und einige wenige Nadeln von Hornblende enthält. Von dem höchsten erreichbaren Punkte dieses Berges aus konnte ich an verschiedenen Stellen der Inselgruppe noch mehrere andere kegelförmige Berge, allem Anscheine nach von derselben Beschaffenheit, erkennen. Auf St. Helena finden sich ähnliche grosze, kegelförmige, vorspringende Massen von Phonolith, von nahezu 1000 Fusz Höhe, welche durch das Eindringen flüssiger feldspathiger Lava in nachgebende Schichten gebildet worden sind. Wenn dieser Berg hier, wie es wahrscheinlich ist, einen ähnlichen Ursprung gehabt hat, dann ist Denudation in einem ungeheuren Maszstabe wirksam gewesen. In der Nähe der Basis dieses Berges beobachtete ich Schichten weiszen Tuffs, von zahlreichen Gängen durchsetzt, andere von amygdaloidem Basalte und andere von Trachyt; ferner auch Schichten von schiefrigem Phonolith mit nordwestlich und südöstlich gerichteten Spaltungsflächen. Stellenweise war dieses Gestein, da wo die Krystalle nur spärlich vorkamen, gewöhnlichem Thonschiefer sehr ähnlich, der durch die Berührung mit einem Trapp ganz verwandelt worden ist. Das Blättrig-werden von Gesteinen, welche zweifellos früher einmal flüssig gewesen sind, scheint mir ein der Aufmerksamkeit sehr werther Gegenstand zu sein. Am Strande fanden sich zahlreiche Bruchstücke compacten Basalts, aus welcher Gesteinsart eine in einiger Entfernung zu sehende Säulen-Façade gebildet zu werden schien.

Terceira in den Azoren. – Die centralen Theile dieser Insel bestehn aus unregelmäszig abgerundeten Bergen von keiner bedeutenden Erhebung; sie sind aus Trachyt zusammengesetzt, welcher im allgemeinen Character dem sofort zu beschreibenden Trachyt von Ascension sehr ähnlich ist. Diese Formation ist an vielen Stellen, in der gewöhnlichen Ordnung der Aufeinanderfolge, von Strömen basaltischer Lava überlagert, welche in der Nähe der Küste beinahe die ganze Oberfläche bilden. Der Verlauf, welchen diese Ströme von ihren Cratern aus genommen haben, kann häufig mit dem Auge verfolgt werden. Die Stadt Angra wird von einem craterförmigen Berge (Mount Brazil) überragt, welcher ganz und gar aus dünnen Schichten eines feinkörnigen, spröden, braun gefärbten Tuffes aufgebaut ist. Man sieht, dasz die oberen Schichten die basaltischen Ströme, auf welchen die Stadt steht, überlagern. Dieser Berg ist in seiner Structur und Zusammensetzung beinahe identisch mit zahlreichen craterförmigen Bergen im Galapagos-Archipel.

Wirkungen von Dampf auf die trachytischen Gesteine – Im mittleren Theile der Insel findet sich eine Stelle, wo Dampf beständig in Strahlen vom Grunde einer kleinen schluchtartigen Höhlung, welche keinen Ausweg hat, ausgestoszen und gegen eine Reihe von trachytischen Bergen angetrieben wird. Der Dampf tritt durch mehrere unregelmäszige Spalten aus: er ist geruchlos, schwärzt Eisen in kurzer Zeit und ist von einer viel zu hohen Temperatur, als dasz er von der Hand ertragen werden könnte. Die Art und Weise, in welcher der feste Trachyt an den Bändern dieser Öffnungen verändert wird, ist merkwürdig; zuerst wird die Grundmasse erdig mit rothen Flecken, offenbar in Folge der Oxydation von Eisenpartikeln; dann wird sie weich; und zuletzt unterliegen selbst die Krystalle des glasigen Feldspaths der auflösenden Wirkung. Nachdem die Masse in Thon umgewandelt worden ist, scheint das Eisenoxyd aus einigen Stellen gänzlich entfernt zu sein, welche vollkommen weisz bleiben, während es an andern danebenliegenden Stellen, welche von der hellsten rothen Farbe sind, in gröszerer Menge abgelagert zu sein scheint; einige andere Massen sind mit diesen beiden verschiedenen Farben marmorirt. Portionen des weiszen Thons können nun, wo sie trocken sind, mit bloszem Auge nicht von der feinsten präparirten Kreide unterschieden werden; und wenn man sie zwischen die Zähne bringt, ergeben sie sich gleicherweise als weichkörnig; die Einwohner benützen diese Substanz zum Weiszen ihrer Häuser. Die Ursache davon, dasz das Eisen an der einen Stelle aufgelöst und dicht daneben wieder abgelagert wird, ist dunkel; die Thatsache ist aber an mehreren andern Orten beobachtet worden[8]. An einigen halb zerfallenen Handstücken fand ich kleine, kugelige Aggregate von gelbem Hyalith, arabischem Gummi ähnlich, welche ohne Zweifel durch den Dampf niedergeschlagen worden waren.

Da es für das Regenwasser, welches die Seiten der schluchtähnlichen Höhlung, aus welcher der Dampf herauskommt, hinabrieselt, keinen Ausgang gibt, so musz es ganz durch die Spalten am Boden der Höhle abwärts dringen. Mehrere von den Einwohnern theilten mir mit, dasz ein Bericht existire, dasz ursprünglich Flammen (irgend eine leuchtende Erscheinung?) von diesen Klüften ausgegangen seien, und dasz dem Ausbruch der Flammen später der Dampf gefolgt sei; ich bin aber nicht im Stande gewesen, weder zu ermitteln, wie lange dies wohl her sei, noch irgend etwas Bestimmtes über die Sache zu erfahren. Als ich mir die Stelle ansah, stellte ich mir vor, dasz die

Injection einer groszen Gesteinsmasse, wie des Phonolithkegels auf Fernando Noronha, im halbflüssigen Zustande, durch eine Überwölbung der Oberfläche eine keilförmige Höhlung mit Rissen am Boden hervorgebracht haben könnte, und dasz dann das in der Nähe der erhitzten Masse durchsickernde Regenwasser wohl während vieler spätern Jahre in der Form von Dampf wieder ausgestoszen werden könnte.

Tahiti (Otaheite). – Ich habe nur einen Theil der nordwestlichen Seite dieser Insel besucht, und dieser Theil besteht durchaus aus vulcanischem Gesteine. In der Nähe der Küste finden sich mehrere Varietäten von Basalt, einige auszerordentlich reich an groszen Krystallen von Augit und schmutzig geflecktem Olivin, andere compact und erdig, – einige in unbedeutendem Grade blasig und andere gelegentlich mit amygdaloider Bildung. Diese Gesteine sind meistens bedeutend zersetzt, und zu meiner Überraschung fand ich an mehreren Durchschnitten, dasz es unmöglich war, auch nur annäherungsweise die Trennungslinie zwischen der zerfallenen Lava und den abwechselnden Tuffschichten zu unterscheiden. Seitdem die Handstücke trocken geworden sind, ist es im Ganzen leichter, die zersetzten plutonischen Gesteine von den sedimentären Tuffarten zu unterscheiden. Dieser Übergang im Character zwischen Gesteinsarten, welche einen so weit von einander verschiedenen Ursprung haben, dürfte, wie ich glaube, wohl dadurch erklärt werden, dasz die erweichten Seiten der blasenartigen Hohlräume, welche in vielen vulcanischen Gesteinen einen verhältnismäszig groszen Theil ihres Raumumfangs einnehmen, unter Druck nachgeben. Da die Blasenräume meistens an Grösze und Zahl in den oberen Theilen eines Stromes von Lava zunehmen, so werden auch die Wirkungen ihrer Zusammendrückung hier sich vergröszern; überdies musz das Nachgeben jedes tiefer gelegenen Blasenraums dahin streben, die sämmtliche darüber liegende erweichte Masse zu stören. Wir dürfen daher erwarten, eine vollkommene Abstufung von einem unveränderten krystallinischen Gestein in ein solches verfolgen zu können, in welchem sämmtliche Partikel (obgleich sie ursprünglich einen Theil einer und derselben soliden Masse bilden) eine mechanische Verschiebung

41

erlitten haben; und derartige Partikel können kaum von andern von ähnlicher Zusammensetzung unterschieden werden, welche als Sediment abgelagert worden sind. Da die Laven zuweilen in ihrem oberen Theilen blättrig sind, so kann man sich selbst auf die horizontalen Linien, welche wie solche eines in Wasser erfolgenden Absatzes erscheinen, nicht in allen Fällen als auf ein Erkennungszeichen eines sedimentären Ursprungs verlassen. Nach diesen Betrachtungen ist es nicht überraschend, dasz früher viele Geologen an wirkliche Übergänge von aus Wasser sich absetzenden Niederschlägen durch die Wacke bis zu vulcanischen Trappen geglaubt haben.

In dem Thale von Tia-auru sind die häufigsten Gesteinsarten Basalte mit viel Olivin, welche auch in manchen Fällen aus groszen Krystallen von Augit zusammengesetzt sind. Ich nahm einige Handstücke auf mit viel glasigem Feldspath, welche sich im Character dem Trachyt näherten. Es fanden sich dort auch viele grosze Blöcke von blasigem Basalt, dessen Hohlräume wunderschön mit Chabasit (?) und strahlenförmig angeordneten Bündeln von Mesotyp ausgekleidet waren. Einige von diesen Handstücken boten ein merkwürdiges Aussehn dar in Folge des Umstandes, dasz eine Anzahl der Hohlräume halb erfüllt waren von einem weiszen, weichen, erdigen, mesotyp-artigen Mineral, welches vor dem Löthrohre in einer merkwürdigen Weise aufblähte. Da die Oberflächen desselben in allen den halberfüllten Zellen genau parallel sind, so geht hieraus offenbar hervor, dasz diese Substanz in Folge ihres Gewichts auf den Boden einer jeden Zelle hinabgesunken ist. Zuweilen füllt sie indessen die Zellen ganz aus. Andere Zellen sind entweder ganz mit kleinen Krystallen, augenscheinlich von Chabasit, erfüllt oder mit solchen ausgekleidet: auch kleiden diese Krystalle häufig die obere Hälfte derjenigen Zellen aus, welche zum Theil mit dem erdigen Mineral gefüllt sind, ebenso wie die obere Fläche dieser letzten Substanz selbst mit solchen überzogen ist, in welchem Falle die beiden Minerale in einander zu verschmelzen scheinen. Ich habe niemals irgend ein anderes amygdaloides Gestein[9] gesehn, dessen Zellen in der hier beschriebenen Art halb erfüllt gewesen wären; und es ist schwierig, sich die Ursachen vorzustellen, welche das

42

erdige Mineral dazu bestimmte, seiner Schwere nach auf den Boden der Zellen zu sinken, und das krystallinische Mineral dazu, in einem Überzuge von gleicher Dicke ringsum den Seiten der Zellen anzuhängen.

Die basaltischen Schichten an den Seiten des Thales sind sanft nach dem Meere zu geneigt, und habe ich nirgends irgend ein Zeichen einer Störung beobachtet; die Schichten sind von einander durch dicke compacte Lager von Conglomerat getrennt, in welchem die Bruchstücke grosz, einige abgerundet, die meisten aber eckig sind. Wegen des Characters dieser Lager, des compacten und krystallinischen Zustandes der meisten Lavaschichten und wegen der Natur des infiltrirten Minerals wurde ich auf die Vermuthung geführt, dasz sie ursprünglich unter dem Meere hingeflossen seien. Diese Folgerung stimmt mit der Thatsache überein, dasz Mr. W. Ellis marine Fossilreste in einer beträchtlichen Höhe gefunden hat, welche, wie er glaubt, zwischen Schichten vulcanischer Substanz gelegen haben, wie es nach der Beschreibung der Herren Tyerman und Bennett gleicherweise auf Huaheine, einer andern Insel des nämlichen Archipels der Fall ist. Auch Stutchbury entdeckte in der Nähe des Gipfels eines der höchsten Berge von Tahiti, in der Höhe von mehreren tausend Fusz eine Schicht halbfossiler Corallen. Keiner dieser Fossilreste ist specifisch bestimmt worden. An der Küste, wo Massen von Corallen-Gestein den klarsten Beweis dargeboten haben würden, habe ich vergebens nach irgend einem Zeichen neuerer Emporhebung gesucht. In Bezug auf die oben angezogenen Autoritäten und wegen weiterer einzeln ausgeführter Gründe dafür, dasz ich nicht glaube, dasz sich Tahiti in neuerer Zeit emporgehoben hat, musz ich auf mein Buch über den Bau und die Verbreitung der Corallen-Riffe verweisen (Übers. p. 182-183).

Mauritius. – Nähert man sich dieser Insel von der nördlichen oder nordwestlichen Seite her, so sieht man eine gekrümmte Kette kühn emporsteigender, mit zerklüfteten Gipfeln gekrönter Berge sich von einem glatten Rande cultivirten Landes erheben, welches sanft nach der Küste hinabfällt. Auf den ersten Blick wird man anzunehmen versucht, dasz das Meer vor Kurzem noch den Fusz dieser

Berge erreicht habe, und bei näherer Untersuchung ergibt es sich, wenigstens mit Rücksicht auf den untern Theil dieses Randes, dasz diese Ansicht vollkommen correct ist. Mehrere Autoren[10] haben Massen von emporgehobenem Corallen-Gestein rings um den gröszeren Theil des Umfangs der Insel beschrieben. Zwischen Tamarin Bay und dem Great Black River habe ich in Gesellschaft mit Capt. LLOYD zwei Hügel von Corallen-Gestein beobachtet, welche in ihrem untern Theile aus harter kalkiger Substanz und in ihren obern Theilen aus groszen, leicht zusammengeballten Blöcken von *Astraea* und *Madrepora* und aus Fragmenten von Basalt gebildet waren; sie waren in Schichten getheilt, welche meerwärts, in einem Falle unter einem Winkel von 8°, in einem andern von 18° einfielen; sie hatten das Ansehn, als wären sie vom Wasser ausgenagt, und stiegen steil von einer glatten Oberfläche aus empor, welche bis zu einer Höhe von ungefähr 20 Fusz mit abgerollten Stücken organischer Reste überstreut war. Der »Officier du Roy« hat in seiner äuszerst interessanten, 1768 ausgeführten Tour rings um die Insel Massen emporgehobener Corallen-Felsen beschrieben, welche noch immer den grabenartigen Bau beibehalten haben, welcher für die lebenden Riffe characteristisch ist (s. mein Buch über die Corallen-Riffe p. 73). An der Küste nördlich von Port Louis fand ich, dasz die Lava eine beträchtliche Strecke weit landeinwärts von einem aus Corallen und Muscheln gebildeten Conglomerate verdeckt wurde, ähnlich denen am Strande, aber durch eine rothe eisenhaltige Masse fest geworden. BORY DE ST. VINCENT hat ähnliche kalkige Lager beschrieben, welche beinahe die ganze Ausdehnung der Ebene der Pamplemousses bedeckten. In der Nähe von Port Louis habe ich, als ich einige grosze Steine umwendete, welche in einem Fluszbette am oberen Ende einer geschützten Bucht in der Höhe von einigen Yards über dem Niveau der Springfluthen lagen, mehrere Serpula-Röhren gefunden, welche noch an deren unterer Seite festhiengen.

Die zerklüfteten Berge in der Nähe von Port Louis steigen bis zu einer Höhe von zwischen 2000 und 3000 Fusz empor; sie bestehn aus Basalt-Schichten, welche durch fest aggregirte Lager von fragmentärer Masse undeutlich von einander getrennt sind; sie werden ferner durch einige wenige senkrechte Gänge durchsetzt. Der Basalt ist an einigen Stellen auszerordentlich reich an groszen Krystallen von Augit und Olivin und ist meistens compact. Das Innere der Insel bildet eine Ebene, welche wahrscheinlich ungefähr ein tausend Fusz über dem Meeresspiegel erhoben ist und aus Lavaströmen besteht, welche um die zerklüfteten Berge herum und zwischen denselben hindurch geflossen sind. Diese neueren Lavamassen sind gleichfalls basaltisch, aber weniger compact und einige sind sehr reich an Feldspath, so dasz sie vor dem Löthrohr selbst zu einem blasz gefärbten Glase schmelzen. An den Ufern des Great River ist ein nahezu 500 Fusz tiefer Durchschnitt dem Blicke ausgesetzt, welcher durch zahlreiche dünne Blätter von Lava dieser Reihe ausgearbeitet ist, die durch Schlacken-Schichten von einander getrennt sind. Sie scheinen auf dem Lande entstanden und aus mehreren Eruptionspunkten des centralen Plateau herabgeflossen zu sein, unter welcher der Piton du Milieu einer der hauptsächlichsten sein soll. Es finden sich auch mehrere vulcanische Kegel, augenscheinlich aus dieser modernen Zeit, rings am Umfange der Insel, besonders an dem nördlichen Ende, wo sie besondere kleine Inselchen bilden.

Die aus dem mehr compacten und krystallinischen Basalt zusammengesetzten Berge bilden das Hauptskelett der Insel. BAILLY[11] gibt an, dasz sie sämmtlich »se développent autour d'elle comme une ceinture d'immenses remparts, toutes affectant une pente plus ou moins inclinée vers le rivage de la mer, tandis au contraire, que vers le centre de l'île elles présentent une coupe abrupte et souvent taillée à pic. Toutes ces montagnes sont formées de couches parallèles inclinées du centre de l'île vers la mer.« Diese Angaben sind, wenn auch nicht im Einzelnen, von QUOY in FREYCINET's Reise bestritten worden. So weit meine geringen Beobachtungsmittel reichten, fand ich sie vollkommen richtig[12]. Die Berge an der nordwestlichen Seite der Insel, welche ich untersucht habe, nämlich La Pouce, Peter Botts, Corps de Garde, Les Mamelles und allem Anscheine nach auch noch ein anderer weiter nach Süden gelegener, haben genau die von BAILLY beschriebene äuszere Gestalt und Schichtung. Sie bilden ungefähr den vierten Theil seines Wallgürtels. Obgleich diese Berge gegenwärtig vollständig einzeln stehn, von einander durch, selbst mehrere Meilen breite Durchbrüche getrennt sind, durch welche ungeheure Ströme von Lava vom Innern der Insel her geflossen sind, so fühlt man sich doch, beim Hinblick auf ihre sehr grosze allgemeine Ähnlichkeit, notwendigerweise überzeugt, dasz sie ursprünglich Theile einer einzigen zusammenhängenden Masse gebildet haben. Nach der wundervollen Karte von Mauritius zu urtheilen, welche die Admiralität nach einem französischen Manuscript veröffentlicht hat, findet sich eine Reihe von Bergen (M. Bamboo) auf der entgegengesetzten Seite der Insel, welche in Höhe, relativer Stellung und äuszerer Form den eben beschriebenen entspricht. Ob der Berg-Gürtel jemals vollständig war, könnte wohl bezweifelt werden; aber nach BAILLY'S Angaben und meinen eigenen Beobachtungen kann man getrost folgern, dasz Berge, deren landeinwärts gerichtete Seiten steil abstürzten und welche aus Schichten bestanden, die nach auszen hin einfielen, sich früher einmal um ein beträchtliches Stück des Umfangs der Insel erstreckt haben. Der Ring scheint oval und von ungeheurer Grösze gewesen zu sein; seine kürzere Axe, quer über von der innern Seite der Berge in der Nähe von Port Louis zu denen in der Nähe von Grand Port gemessen, beträgt nicht weniger als dreizehn geographische Meilen an Länge. BAILLY stellt die kühne Vermuthung auf, dasz dieser enorme Schlund, welcher seitdem in bedeutendem Masze von Strömen moderner Lava erfüllt worden ist, durch das Einsinken des ganzen oberen Theils eines einzigen groszen Vulcans gebildet worden ist.

Es ist eigenthümlich, in wie vielen Beziehungen diejenigen Theile von St. Jago und von Mauritius, welche ich besucht habe, in ihrer geologischen Geschichte mit einander übereinstimmen. Auf beiden Inseln folgen Berge von ähnlicher äuszerer Gestalt, Stratification und (wenigstens in ihren oberen Schichten) Zusammensetzung in einer gebogenen Reihe der Uferlinie. Diese Berge haben augenscheinlich in beiden Fällen ursprünglich Theile einer einzigen continuirlichen Masse gebildet. Die basaltischen Schichten, aus denen sie zusammengesetzt sind, scheinen nach ihrer compacten und krystallinischen Structur, wenn man sie den benachbarten basaltischen Strömen von einem auf dem trocknen Lande erfolgten Ursprunge entgegenhält, unter dem Drucke des Meeres geflossen, und später emporgehoben worden zu sein. Wir dürfen annehmen, dasz die breiten Durchbrüche zwischen den Bergen in beiden Fällen während ihrer allmählichen Erhebung durch die Wellen ausgewaschen worden sind; – für den Hebungsprocesz innerhalb neuerer Zeiten finden sich äuszerst zahlreiche Belege an dem Küstenlande beider Inseln. Auf beiden sind ungeheure Ströme neuerer basaltischer Lavamassen von dem Innern der Insel her um die ältern basaltischen Berge herum und zwischen denselben durch geflossen; überdies sind auf beiden recente Eruptionskegel rings um den Umfang der Insel zerstreut vorhanden; aber auf keiner von beiden haben Eruptionen innerhalb der geschichtlichen Zeit stattgefunden. Wie im letzten Capitel bemerkt wurde, ist es wahrscheinlich, dasz diese alten basaltischen Berge, welche (wenigstens in vielen Beziehungen) den basalen und gestörten Überresten zweier riesiger Vulcane ähnlich sind, ihre gegenwärtige Form, Structur und Stellung der Wirkung ähnlicher Ursachen verdanken.

St. Paul's Felsen. – Diese kleine Insel ist im Atlantischen Ocean, nahezu einen Grad nördlich vom Äquator und 540 Meilen von Süd-America entfernt, in 29° 15' w. L. gelegen. Ihr höchster Punkt liegt kaum höher als 50 Fusz oberhalb des Meeresspiegels; ihr Umrisz ist unregelmäszig und ihr ganzer Umfang miszt kaum drei Viertel Meilen. Dieser kleine Felsenpunkt steigt plötzlich aus dem Ocean empor; und ausgenommen an seiner westlichen Seite wurde selbst in der kurzen Entfernung von einer Viertel Meile an seinem Ufer kein Grund erlothet. Er ist nicht vulcanischen Ursprungs; und dieser Umstand, welcher den merkwürdigsten Punkt in seiner Geschichte ausmacht (wie hernach noch angeführt werden wird), sollte ihn eigentlich von einer Erwähnung im vorliegenden Bande ausschlieszen. Er ist aus Gesteinsarten zusammengesetzt, welche keiner von mir sonst angetroffenen gleichen und welche ich nicht durch irgend einen Namen characterisiren kann; ich musz sie deshalb beschreiben.

Die einfachste Art, und eine der am allerhäufigsten vorkommende, ist ein sehr compactes, schweres, grünlich schwarzes Gestein, welches einen winkligen, unregelmäszigen Bruch hat; einige Spitzen daran sind eben hart genug um Glas zu ritzen; es ist nicht schmelzbar. Diese Varietät geht in andere von blassen grünen Färbungen und weniger harte über, deren Bruch aber mehr krystallinisch und an den Rändern durchscheinend ist; und diese schmelzen vor dem Löthrohr zu einem grünen Email. Mehrere andere Varietäten sind hauptsächlich dadurch characterisirt, dasz sie unzählige Fäden von dunkel grünem Serpentin und kalkige Substanz in ihren Zwischenräumen enthalten. Diese Gesteine haben eine undeutliche concretionäre Structur und sind voll von verschiedenartig gefärbten winkligen Pseudo-Fragmenten. Diese winkligen Pseudo-Fragmente bestehn aus der zuerst beschriebenen dunkel grünen Gesteinsart, aus einer braunen weichern Art, aus Serpentin und aus einem gelblichen spröden Stein, welcher vielleicht mit dem Serpentin verwandt ist. Es finden sich noch andere blasige, kalkig-eisenhaltige, weiche Steinarten. Es ist keine deutliche Stratification vorhanden, aber einzelne Stellen sind unvollkommen blättrig; und das Ganze ist auszerordentlich reich an unzähligen Adern und ader-artigen Massen, sowohl kleinen als groszen. Von diesen ader-artigen Massen sind einige kalkige, welche minutiöse Muschel-Fragmente enthalten, offenbar von späterem Ursprung als die andern.

Eine glänzende Incrustation. – Stücke dieser Felsen sind in groszer Ausdehnung von einer Schicht einer glänzenden polirten Substanz überzogen, welche einen perlmutterartigen Glanz und eine graulich weisze Farbe hat; sie folgt allen Ungleichmäszigkeiten der Oberfläche, an welche sie fest angeheftet ist. Wird sie mit einer Lupe untersucht, so zeigt es sich, dasz sie aus zahlreichen dünnen Lagen besteht, deren Dicke zusammengenommen nur ungefähr ein Zehntel Zoll beträgt. Sie ist beträchtlich härter als Kalkspath, kann aber mit einem Messer geritzt werden; vor dem Löthrohre blättert sie sich ab, knistert, wird unbedeutend schwärzlich, gibt einen fauligen Geruch aus und wird stark alkalisch; mit Säuren braust sie nicht auf[13]. Ich vermuthe, dasz diese Substanz sich aus Wasser niedergeschlagen hat, welches über Vogelexcremente, mit denen die Felsen bedeckt sind, geflossen ist. Auf Ascension habe ich in der Nähe einer Höhlung in den Felsen, welche mit einer blättrigen Masse infiltrirter Vogelexcremente erfüllt war, einige unregelmäszig gestaltete, stalactitische Massen von augenscheinlich derselben Natur gefunden. Wenn diese Massen zerbrochen wurden, so hatten sie eine erdige Textur; aber an ihrer äuszern Seite, und besonders an ihren Enden, wurden sie von einer perlmutterartigen Substanz gebildet, meistens in kleinen Kügelchen, wie der Schmelz der Zähne, aber durchscheinender, und so hart, dasz sie eben Spiegelglas ritzte. Diese Substanz wird vor dem Löthrohr leicht schwärzlich, gibt einen üblen Geruch aus, wird dann ganz weisz, schwillt ein wenig auf und schmilzt dann zu einem trüb weiszen Email zusammen; sie wird nicht alkalisch, auch braust sie mit Säuren nicht auf. Die ganze Masse hatte ein collabirtes Aussehn, als wenn bei der Bildung der harten glänzenden Kruste das Ganze bedeutend zusammengeschrumpft wäre. Auf den Abrolhos-Inseln an der Küste von Brasilien, wo sich gleichfalls massige Vogelexcremente finden, fand ich eine grosze Menge einer braunen, baumförmig sich verästelnden Substanz an manchen Trappfelsen festhängen. In ihrer baumförmig verästelten Form ist diese Substanz manchen von den verzweigten Species von *Nullipora* eigenthümlich ähnlich. Vor dem Löthrohre verhält sie sich wie die Stücke von Ascension; sie ist aber weniger hart und glänzend, und die Oberfläche hat nicht das zusammengeschrumpfte Aussehn.

[8] S p a l l a n z a n i, D o l o m i e u und H o f f m a n n haben ähnliche Fälle von den italienischen vulcanischen Inseln beschrieben. D o l o m i e u sagt, dasz das Eisen auf den Ponza-Inseln in der Form von Adern wieder abgelagert wird (Mémoires sur les îles Ponces, p. 89). Diese Autoren nehmen gleichfalls an, dasz der Dampf Kieselerde niederschlage: es ist jetzt auf experimentellem Wege ermittelt worden, dasz Dampf in hohen Temperaturen im Stande ist, Kieselsäure aufzulösen.

[9] M a c C u l l o c h hat indessen ein Trapp-Gestein beschrieben und eine Abbildung davon gegeben (Transact. Geolog. Soc. 1. Series, Vol. IV. p. 225), dessen Hohlräume horizontal mit Quarz und Chalcedon erfüllt waren. Die oberen Hälften dieser Hohlräume sind häufig von Lagern, welche jeder Unregelmäszigkeit der Oberfläche folgen, und von kleinen herabhängenden Stalactiten derselben kieseligen Substanzen erfüllt.

[10] Capt. C a r m i c h a e l in: H o o k e r's Botan. Miscell. Vol. II. p. 301. Capt. L l o y d hat vor Kurzem in den Proceedings of the Geological Society (Vol. III. p. 317) sorgfältig einige von diesen

Massen beschrieben. In der »Voyage à l'Isle de France par un Officier du Roy« werden viele interessante Thatsachen über diesen Gegenstand mitgetheilt. Vergl. auch »Voyage aux quatre Isles d'Afrique« par M. B o r y S t . V i n c e n t

[11] Voyage aux Terres Australes, Tom. I. p. 54.

[12] L e s s o n scheint bei seiner Schilderung dieser Insel, in der Reise der ›Coquille‹, B a i l l y's Ansichten zu folgen.

[13] In meiner Reise (Übers. p. 9 und 14) habe ich diese Substanz beschrieben; ich glaubte damals, dasz es ein unreiner phosphorsaurer Kalk sei.

Drittes Capitel.

Ascension.

Basaltische Laven. – Zahlreiche Cratere, welche an der nämlichen Seite abgestutzt sind. – Eigenthümliche Structur vulcanischer Bomben. – Explosionen gasförmiger Massen. – Ausgeworfene granitische Bruchstücke. – Trachytische Gesteine. – Eigenthümliche Adern. – Jaspis, seine Bildungsweise. – Concretionen in bimssteinartigem Tuff. – Kalkige Ablagerungen und frondescirende Incrustationen an der Küste. – Merkwürdige blättrige Schichten, welche mit Obsidian abwechseln und in solchen übergehen. – Ursprung des Obsidians. – Blättrig-werden vulcanischer Gesteine.

Diese Insel ist im atlantischen Ocean in 8° s. Br. und 14° westl. Länge gelegen. Sie hat die Form eines unregelmäszigen Dreiecks (s. die beiliegende Karte), von welchem jede Seite ungefähr 6 Meilen lang ist. Ihr höchster Punkt liegt 2870 Fusz[14] über dem Meeresspiegel. Das Ganze ist vulcanisch und, wie ich nach dem Fehlen von Beweisen für das Gegentheil glaube, nicht submarinen Ursprungs. Das Grundgestein ist überall von einer blaszen Färbung, meistens compact und von feldspathiger Beschaffenheit. In dem südöstlichen Theile der Insel, wo das höchste Land gelegen ist, kommen gut characterisirter Trachyt und andere Gesteine gleichen Ursprungs aus dieser formenreichen Familie vor. Beinahe der ganze Umfang der Insel wird von schwarzen und zerklüfteten Strömen basaltischer Lava bedeckt, während hier und da ein Berg oder eine einzige Felsspitze (von denen die eine in der Nähe der Meeresküste nördlich vom Fort nur 2 oder 3 Yards im queren Durchmesser miszt) von Trachyt noch exponirt bleibt.

Basaltische Gesteine – Die aufliegende basaltische Lava ist an einigen Stellen äuszerst blasig, an andern nur wenig; sie ist von schwarzer Färbung, enthält aber zuweilen Krystalle glasigen Feldspaths und nur selten viel Olivin. Diese Ströme scheinen hier eigenthümlich

52

geringe Flüssigkeit gehabt zu haben; ihre seitlichen Wände und ihre unteren Enden sind sehr steil und haben eine Höhe selbst bis zwischen 20 und 30 Fusz. Ihre Oberfläche ist auszerordentlich zerklüftet und erscheint aus einer geringen Entfernung wie mit kleinen Crateren dicht besetzt. Diese Vorsprünge bestehn aus breiten, unregelmäszig kegelförmigen kleinen Hügeln, welche von Spalten durchsetzt und aus dem nämlich ungleich schlackigen Basalt wie die umgebenden Ströme zusammengesetzt sind, aber eine undeutliche Neigung zu einer säulenförmigen Anordnung zeigen; sie erheben sich bis zu einer Höhe von zwischen 10 und 30 Fusz über die allgemeine Oberfläche und sind, wie ich vermuthe, durch das Anhäufen der klebrigen Lava an Punkten von gröszerer Widerstandskraft gebildet worden. Am Fusze mehrerer dieser Hügel und gelegentlich auch an ebeneren Stellen springen solide, aus eckig abgerundeten Massen von Basalt gebildete Rippen, welche in ihrer Grösze und ihrem Umrisse gebogenen Schleusenröhren oder Rinnsteinen aus Ziegeln ähnlich, aber nicht hohl sind, zwischen 2 und 3 Fusz über die Oberfläche der Ströme vor; welches ihr Ursprung gewesen sein mag, weisz ich nicht. Viele der oberflächlichen Bruchstücke von diesen basaltischen Strömen bieten eigenthümlich gewundene Formen dar; und manche Exemplare konnten von Klötzen dunkel gefärbten Holzes ohne Rinde kaum unterschieden werden.

Viele der basaltischen Ströme können entweder bis zu Eruptionspunkten am Fusze der groszen centralen Masse von Trachyt oder bis zu einzeln stehenden, conischen, roth gefärbten Hügeln verfolgt werden, welche über die nördlichen und westlichen Ränder der Insel zerstreut liegen. Auf der centralen Erhöhung stehend zählte ich zwischen 20 und 30 solcher Eruptionskegel. Die gröszere Zahl derselben hatte Gipfel, welche schräg abgeschnitten und abgestutzt waren, und sie fielen sämmtlich nach Süd-Osten hin ab, von welcher Seite her der Passatwind weht[15]. Dieser Bau ist ohne Zweifel dadurch verursacht worden, dasz die ausgeworfenen Bruchstücke und Aschenmassen stets während der Eruptionen in gröszerer Menge nach der einen als nach der andern Seite hin geweht worden sind. MOREAU DE JONNÈS hat eine ähnliche Beobachtung in Bezug auf die vulcanischen Öffnungen auf den westindischen Inseln gemacht.

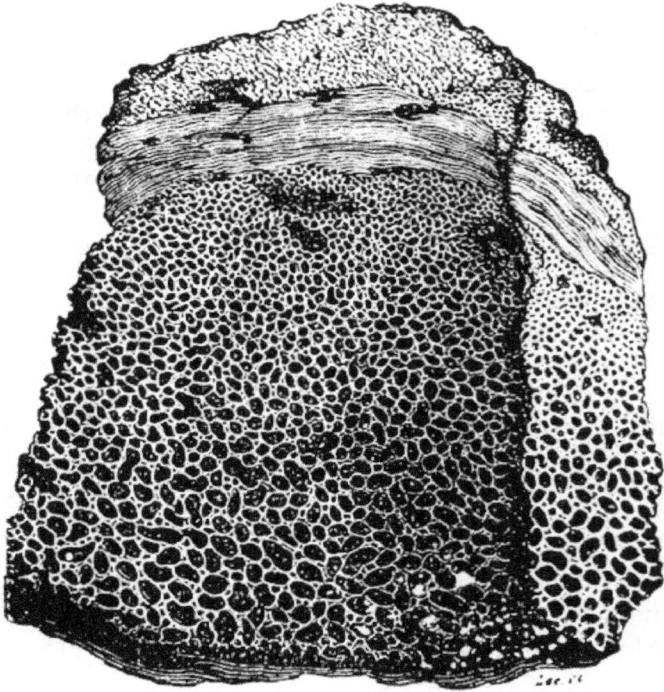

Fig. 3. Fragment einer kugligen vulcanischen Bombe, die innern Theile grob zellig, von einer concentrischen Schicht compacter Lava, diese wieder von einer Rinde fein zelligen Gesteins umhüllt.

Vulcanische Bomben. – Es kommen dieselben in groszer Anzahl über den Boden zerstreut vor, und manche von ihnen liegen in beträchtlichen Entfernungen von irgend einem Eruptionspunkte. Sie schwanken in ihrer Grösze von der eines Apfels bis zu der eines menschlichen Körpers; sie sind entweder kuglig oder birnenförmig, oder am hintern Ende (welches dem Schwanze eines Cometen entspricht) unregelmäszig, mit vorspringenden Spitzen besetzt und selbst concav. Ihre Oberfläche ist rauh und durch sich verzweigende Sprünge gespalten; ihre innere

Structur ist entweder unregelmäszig schlackenartig und compact oder sie bietet ein symmetrisches und sehr merkwürdiges Aussehn dar. Ein unregelmäsziges Segment einer Bombe von dieser letzten Art, von denen ich mehrere fand, ist in dem beistehenden Holzschnitte sorgfältig dargestellt worden. Ihre Grösze war ungefähr die eines Manneskopfes. Das ganze Innere ist grob zellig; die Zellen messen im Mittel ungefähr ein Zehntel Zoll, näher nach der äuszern Seite nehmen sie aber allmählich an Grösze ab. Diesem Theile folgt nach auszen hin eine wohl umschriebene Schale compacter Lava, welche eine nahezu gleichförmige Dicke von ungefähr einem Drittel Zoll besitzt; auf dieser Schale liegt dann ein etwas dickerer Überzug von fein zelliger Lava (die Zellen schwanken in ihrer Grösze von einem Fünfzigstel bis zu einem Hundertstel Zoll), welche die äuszere Oberfläche bildet: die Trennungslinie zwischen der Schale von compacter Lava und der äuszern schlackigen Rinde ist scharf ausgeprägt. Diese Structur erklärt sich sehr einfach, wenn wir annehmen, dasz eine klebrige, zähe, schlackige Masse mit einer rapiden drehenden Bewegung durch die Luft geschleudert wird; denn während die äuszere Rinde in Folge der Abkühlung fest wurde (bis zu dem Zustande, in dem wir sie jetzt sehen), gestattete die Centrifugalkraft durch Verminderung des Drucks in den inneren Theilen der Bombe den erhitzten Dämpfen sich auszudehnen; dieselben wurden aber durch dieselbe Kraft gegen die bereits erhärtete Rinde angetrieben und wurden daher immer kleiner und kleiner oder weniger ausgedehnt, bis sie in eine compacte solide Schale eingepackt wurden. Da wir wissen, dasz Splitter von einem Schleifstein[16] fortgeschleudert werden können, wenn er mit hinreichender Geschwindigkeit in Umdrehung gesetzt wird, so können wir nicht daran zweifeln, dasz die Centrifugalkraft das Vermögen hat, die Structur einer erweichten Bombe in der eben erwähnten Art und Weise zu modificiren. Geologen haben die Bemerkung gemacht, dasz die äuszere Form einer Bombe sogleich die Geschichte ihres Laufs durch die Luft verräth, und wir sehn nun, dasz der innere Bau mit beinahe gleicher Deutlichkeit für ihre drehende Bewegung spricht.

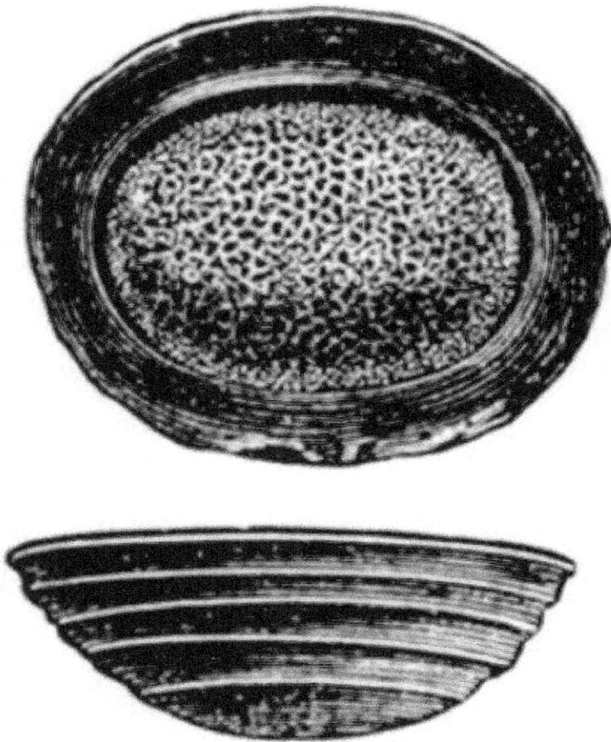

**Fig. 4. Vulcanische Bombe von Obsidian aus Australien.
Die obere Figur gibt eine Flächenansicht, die untere
eine Seitenansicht desselben Gegenstandes.**

Bory St. Vincent[17] hat einige Lavakugeln von der Insel
Bourbon beschrieben, welche eine äuszerst ähnliche
Structur zeigen: seine Erklärung indessen (wenn ich sie
richtig verstehe) ist von der, welche ich gegeben habe, sehr
verschieden; denn er vermuthet, dasz sie wie Schneebälle an
den Seiten eines Craters hinabgerollt sind. Beudant[18] hat
gleichfalls einige eigenthümliche kleine Kugeln von
Obsidian beschrieben, nie gröszer als 6 oder 8 Zoll im
Durchmesser, welche er auf der Oberfläche des Bodens
umhergestreut fand; ihre Form ist immer oval; zuweilen

sind sie in der Mitte stark angeschwollen und selbst spindelförmig; ihre Oberfläche ist regelmäszig mit concentrischen Leisten und Furchen gezeichnet, welche sämmtlich an einer und der nämlichen Kugel rechtwinklig auf einer Axe stehn: ihr Inneres ist compact und glasig. BEUDANT vermuthet, dasz Lavamassen, so lange sie weich waren, mit einer um dieselbe Axe rotirenden Bewegung in die Luft geschossen wurden und dasz ihre Form und die oberflächlichen Leisten der Bomben in dieser Weise hervorgebracht wurden. Sir THOMAS MITCHELL hat mir etwas gegeben, was auf den ersten Blick wie die Hälfte einer stark abgeplatteten ovalen Kugel von Obsidian aussieht; es hat ein eigenthümlich künstliches Ansehn, welches in dem beistehenden Holzschnitt (von natürlicher Grösze) gut dargestellt ist. Es wurde in seinem gegenwärtigen Zustande auf einer groszen sandigen Ebene zwischen den Flüssen Darling und Murray in Australien und in einer Entfernung von mehreren hundert Meilen von irgend einer bekannten vulcanischen Gegend gefunden. Es scheint in irgend eine röthliche tuffartige Masse eingebettet gewesen zu sein, und könnte wohl entweder durch die Eingebornen verschleppt oder durch natürliche Mittel weiter transportirt worden sein. Die äuszere untertassenförmige Schale besteht aus compactem Obsidian von einer flaschengrünen Farbe und wird von fein zelliger schwarzer Lava erfüllt, welche viel weniger durchscheinend und glasig ist als der Obsidian. Die äuszere Oberfläche ist mit vier oder fünf nicht ganz vollkommenen Leisten gezeichnet, welche im Holzschnitt eher etwas zu bestimmt dargestellt worden sind. Wir haben daher hier die von BEUDANT beschriebene äuszere Structur und den innern zelligen Zustand der Bomben von Ascension vor uns. Der Rand der untertassenförmigen Schale ist leicht concav, genau so wie der Rand eines Suppentellers, und seine innere Kante springt ein wenig über die central gelegene zellige Lava vor. Diese Structur ist rings um den ganzen Umfang so symmetrisch, dasz man zu der Vermuthung genöthigt wird, dasz die Bombe während ihres rotirenden Laufes, ehe sie vollständig fest geworden war, geplatzt ist und dasz hierdurch der Rand und seine Kanten leicht modificirt und nach innen gewendet wurden. Es mag noch erwähnt werden, dasz die oberflächlichen

Leisten in Ebenen liegen, welche rechtwinklig auf eine, zu der längeren Axe des abgeplatteten Ovals quer liegende Axe stehn; um diesen Umstand zu erklären, können wir annehmen, dasz, als die Bombe platzte, die Rotationsaxe verändert wurde.

Explosionen gasförmiger Massen. – Die Seitenabhänge des Grünen Berges (Green Mountain) und das umgebende Land sind mit einer groszen Masse loser Bruchstücke von einigen hundert Fusz an Mächtigkeit bedeckt. Die untern Schichten bestehn meistens aus feinkörnigen, in unbedeutendem Grade consolidirten Tuffen[19] und die obern Schichten aus groszen losen Fragmenten, welche mit Schichten feinerer abwechseln[20]. Eine weisze bandartige Schicht einer zerfallenen bimssteinartigen Breccie war in merkwürdiger Art in tiefen ununterbrochenen Bogen unterhalb eines jeden der gröszeren Fragmente in der darüber liegenden Schicht eingebogen. Nach der relativen Lage dieser Schichten vermuthe ich, dasz ein Crater mit enger Mündung, welcher nahezu an der Stelle des Grünen Berges stand, wie eine ungeheure Windbüchse vor seiner endlichen Erlöschung diese colossale Anhäufung loser Massen ausgeschossen hat. Später nach diesem Ereignisse haben beträchtliche Lagenveränderungen stattgefunden und ein ovaler Circus hat sich durch Senkung gebildet. Dieser gesunkene Raum liegt am nordöstlichen Fusze des Grünen Bergs und ist auf der beiliegenden Karte ganz gut dargestellt. Seine längere Axe, welche mit einer von Nordost nach Südwest ziehenden Spaltungslinie in Zusammenhang steht, beträgt in der Länge drei Fünftel einer nautischen Meile; seine Seiten sind nahezu senkrecht, mit Ausnahme einer Stelle, und ungefähr 400 Fusz hoch; sie bestehn im untern Theile aus einem blassen Basalt mit Feldspath und im obern Theile aus dem Tuff und ausgeworfenen losen Bruchstücken; der Boden ist glatt und eben, und in beinahe jedwedem andern Clima würde sich hier ein tiefer See gebildet haben. Nach der Mächtigkeit der Schicht loser Fragmente zu urtheilen, von welcher das umgebende Land bedeckt ist, musz die Masse gasförmiger Substanzen, welche zu ihrem Auswerfen nothwendig war, ganz enorm gewesen sein; wir dürfen es daher für wahrscheinlich halten, dasz nach den Explosionen ungeheure unterirdische Höhlen blieben und dasz das Einsinken des Dachs von einer derselben die eben beschriebene Vertiefung erzeugte. Auf dem Galapagos-Archipel kommen grubenartige Löcher von ähnlichem Character, aber von viel geringerer Grösze häufig am Fusze kleiner Eruptionskegel vor.

Ausgeworfene Bruchstücke von Granit – In der näheren Umgebung des Grünen Bergs werden nicht selten Fragmente fremder Gesteinsarten mitten in die Schlackenmassen eingebettet gefunden. Lieut. EVANS, welchem ich für mancherlei Information verbunden bin, gab mir mehrere Stücke und ich selbst habe andere gefunden. Sie besitzen nahezu sämmtlich eine granitische Structur, sind brüchig, dem Gefühle nach rauh, und offenbar von veränderter Färbung. E r s t e n s: ein weiszer Syenit, mit Roth gestreift und gefleckt; er besteht aus gut krystallisirtem Feldspath, zahlreichen Quarzkörnern und glänzenden, wennschon kleinen Krystallen von Hornblende. Der Feldspath und die Hornblende sind in diesem und in den folgenden Fällen durch das Reflexions-Goniometer, der Quarz durch seine Erscheinung vor dem Löthrohr bestimmt worden. Der Feldspath in diesen ausgeworfenen Fragmenten ist wie die glasige Art im Trachyt nach seiner Spaltung ein Kali-Feldspath. Z w e i t e n s: eine ziegelrothe Masse von Feldspath, Quarz und kleinen dunklen Flecken eines zersetzten Minerals; ein sehr kleines Stückchen desselben war ich seiner Spaltung nach als Hornblende zu bestimmen im Stande. D r i t t e n s: eine Masse verworren krystallisirten weiszen Feldspaths mit kleinen Nestern eines dunkel gefärbten Minerals, häufig angefressen, äuszerlich abgerundet, mit einem glänzenden Bruche, aber ohne deutliche Spaltbarkeit; nach einem Vergleiche mit dem zweiten Handstück zweifle ich nicht daran, dasz es geschmolzene Hornblende ist. V i e r t e n s: eine Gesteinsart, welche auf den ersten Blick wie eine einfache Aggregation deutlicher und groszer Krystalle von trüb gefärbtem Labrador-Feldspath erscheint[21]; aber in den Zwischenräumen zwischen denselben findet sich etwas weiszer körniger Feldspath, äuszerst zahlreiche Glimmerblättchen, ein wenig veränderte Hornblende und, wie ich glaube, kein Quarz. Ich habe diese Fragmente im

Detail beschrieben, weil es selten ist[22], granitische Gesteinsarten aus Vulcanen ausgeworfen zu finden, deren mineralische Bestandtheile unverändert sind, wie es bei dem ersten Stücke und zum Theile auch bei dem zweiten der Fall ist. Ein anderes groszes, an einer andern Stelle gefundenes Fragment verdient eine Erwähnung; es ist ein Conglomerat, welches kleine Bruchstücke von granitischen, zelligen und jaspisartigen Gesteinsarten und von Hornstein-Porphyren in eine Grundmasse von Wacke eingebettet enthält, die von zahlreichen dünnen Schichten eines concretionären, in Obsidian übergehenden Pechsteins durchzogen ist. Diese Schichten sind parallel, unbedeutend gewunden und kurz; sie dünnen sich an den Enden aus und sind der Form nach den Quarzschichten im Gneisz ähnlich. Es ist wahrscheinlich, dasz diese kleinen eingeschlossenen Fragmente nicht einzeln ausgeworfen, sondern in einem flüssigen vulcanischen, mit Obsidian verwandten Gestein eingewickelt waren; und wir werden sofort sehn, dasz mehrere Varietäten dieser letzteren Gesteinsreihe eine lamellöse Structur annehmen.

Trachytische Gesteinsreihe – Dieselben nehmen die erhobeneren und centralen und gleicherweise auch die südöstlichen Theile der Insel ein. Der Trachyt ist meistens von einer blaszbraunen Färbung, mit kleinen dunkleren Stellen gefleckt; er enthält zerbrochene und verbogene Krystalle von glasigem Feldspath, Körner spiegelnden Eisens und schwarze mikroskopische Punkte, welche letztere, da sie leicht schmelzen und dann magnetisch werden, wie ich vermuthe, Hornblende sind. Die gröszere Zahl der Berge besteht indessen aus einem weiszen, zerreiblichen Steine, welcher wie ein trachytischer Tuff erscheint. Obsidian, Hornstein und mehrere Arten von blättrigen, feldspathigen Gesteinsarten sind mit dem Trachyt verbunden. Es findet sich keine deutliche Stratification; auch konnte ich an keinem der Hügel dieser Reihe eine craterförmige Bildung entdecken. Beträchtliche Dislocationen haben stattgefunden; viele Spalten in diesen Gesteinen sind noch offen oder nur zum Theil mit losen Fragmenten erfüllt. Innerhalb des hauptsächlich aus Trachyt gebildeten Raumes[23] sind einige basaltische Ströme

61

hervorgebrochen; und nicht weit vom Gipfel des Grünen Berges findet sich ein Strom vollständig schwarzer blasiger Lava, welche äuszerst kleine Krystalle glasigen Feldspaths von abgerundetem Aussehn enthält.

Das oben erwähnte weiche weisze Gestein ist dadurch merkwürdig, dasz es, wenn es in Masse zur Betrachtung kömmt, in eigenthümlicher Weise einem sedimentären Tuff ähnlich ist: es dauerte lange, bis ich mich davon überzeugen konnte, dasz sein Ursprung ein anderer gewesen sei; andere Geologen sind durch äuszerst ähnliche Bildungen in andern trachytischen Gebieten gleichfalls verwirrt worden. An zwei Stellen bildete dieses weisze erdige Gestein isolirt stehende Hügel, an einer dritten war es mit säulenförmigem und blättrigem Trachyt vergesellschaftet; ich bin aber nicht im Stande gewesen, eine wirkliche Verbindung zu verfolgen. Es enthält zahlreiche Krystalle glasigen Feldspaths und schwarze mikroskopische Flecken und ist mit kleinen dunkleren Stellen gezeichnet, genau so wie in dem umgebenden Trachyt vorkommen. Seine Grundsubstanz ist indessen unter dem Mikroskop betrachtet meistens völlig erdig; zuweilen aber bietet sie eine entschieden krystallinische Structur dar. Auf dem als »Crater eines alten Vulcans« bezeichneten Berge geht das Gestein in eine blasz grünlich-graue Varietät über, welche nur darin von ihm verschieden ist, dasz sie eine andere Färbung besitzt und nicht so erdig ist; der Übergang war in einem Falle unmerkbar, in einem andern Falle machte er sich so, dasz zahlreiche abgerundete und eckige Massen der grünlichen Varietät in die weisze Varietät eingebettet waren; – in diesem letztern Falle war die äuszere Erscheinung der einer sedimentären Ablagerung sehr ähnlich, welche während der Ablagerung einer folgenden Schicht zerbrochen und abgenagt wurde. Diese beiden Varietäten werden von unzähligen gewundenen (sofort näher zu beschreibenden) Adern quer durchsetzt, welche eingespritzten Trappgängen und in der That allen andern Adern, welche ich jemals gesehen habe, gänzlich unähnlich sind. Beide Varietäten schlieszen einige wenige zerstreute, gröszere und kleinere Fragmente dunkelfarbiger schlackenartiger Gesteinsarten ein; bei einigen derselben sind die Zellen zum Theil mit der weiszen erdigen Gesteinsart erfüllt; sie schlieszen gleichfalls einige ungeheure Blöcke eines zelligen Porphyrs ein[24]. Diese Gesteinsbruchstücke springen von der verwitterten Oberfläche vor und sind vollständig den in einem echten sedimentären Tuff eingebetteten Fragmenten ähnlich. Da es aber bekannt ist, dasz fremdartige Fragmente zelligen Gesteins zuweilen in säulenförmigen Trachyt, in Phonolith[25] und in andere compacte Laven eingeschlossen sind, so bietet dieser Umstand keinen wirklichen Beweisgrund für den sedimentären Ursprung des weiszen erdigen Gesteins dar[26]. Der unmerkliche Übergang der grünlichen Varietät in die weisze und ebenso der plötzlichere sich darin zeigende Übergang, dasz Fragmente der ersteren in der letzteren eingeschlossen sind, dürften das Resultat unbedeutender Verschiedenheiten in der Zusammensetzung einer und der nämlichen Masse geschmolzenen Gesteins und der abschleifenden Wirkung eines derartigen noch immer flüssigen Theils auf einen andern bereits festgewordenen Theil sein. Die merkwürdig geformten Adern haben sich, wie ich glaube, dadurch gebildet, dasz sich kieselige Substanz später abgelöst hat. Der hauptsächlichste Grund aber für meine Annahme, dasz diese weiszen erdigen Gesteine mit ihren fremdartigen Einschlüssen nicht sedimentären Ursprungs sind, ist die äuszerste Unwahrscheinlichkeit, dasz Krystalle von Feldspath, schwarze mikroskopische Stellen und kleine Flecken von einer dunkleren Färbung in der nämlichen verhältnismäszigen Anzahl in einem wässrigen Niederschlag und in Massen soliden Trachyts vorkommen. Überdies erschlieszt, wie ich bemerkt habe, das Mikroskop gelegentlich eine krystallinische Structur in der scheinbar erdigen Grundsubstanz. Andererseits ist die theilweise Zersetzung solcher groszen Massen von Trachyt, welche ganze Berge bilden, zweifellos ein Umstand, der nicht leicht zu erklären ist.

Adern in den erdigen trachytischen Massen. – Diese Adern sind auszerordentlich zahlreich und durchsetzen in der allercomplicirtesten Art und Weise die beiden gefärbten Varietäten des erdigen Trachyts: sie sind am besten an den Seitenabhängen des »Craters eines alten Vulcans« zu sehen. Sie enthalten Krystalle von glasigem

Feldspath, schwarze mikroskopische Flecke und kleine dunkle Stellen, genau so wie in dem umgebenden Gestein; die Grundsubstanz ist aber sehr verschieden, sie ist auszerordentlich hart, compact, etwas brüchig und von einer eher weniger leichten Schmelzbarkeit. Die Adern schwanken beträchtlich in ihrer Dicke und zwar plötzlich von einem Zehntel Zoll zu einem Zoll; sie dünnen sich häufig aus, und zwar nicht blosz an ihren Rändern, sondern auch in ihren mittleren Theilen, wo dann runde unregelmäszige Öffnungen übrig bleiben; ihre Oberfläche ist rauh. Sie sind unter allen nur möglichen Winkeln gegen den Horizont geneigt oder auch horizontal; sie sind meistens krummlinig und verzweigen sich häufig unter einander. Ihrer Härte wegen widerstehn sie dem Verwittern, und erstrecken sich, 2 oder 3 Fusz oberhalb des Bodens vorspringend, gelegentlich einige Yards an Länge hin: werden diese plattenartigen Adern angeschlagen, so geben sie einen Ton fast wie den einer Trommel und man kann deutlich sehn, dasz sie schwingen; ihre über den Boden hin zerstreuten Bruchstücke klappern wie Eisenstücke, wenn sie gegen einander gestoszen werden. Sie nehmen zuweilen die eigenthümlichsten Formen an; ich sah ein Fuszgestell von erdigem Trachyt, welches von einem halbkugligen Abschnitt einer Ader wie von einem groszen Regenschirm bedeckt wurde, grosz genug, um zwei Personen Schutz zu gewähren. Ich habe sonst nirgendwo derartige Adern oder Beschreibungen solcher gesehn; ihrer Form nach sind sie aber den eisenhaltigen Bändern ähnlich, welche, in Folge irgend eines Absonderungsprocesses, nicht ungewöhnlich in Sandsteinen vorkommen, – beispielsweise im Neuen Rothen Sandstein (Buntsandstein) in England. Zahlreiche Adern von Jaspis und von Kieselsinter, welche auf dem Gipfel des nämlichen Berges vorkommen, zeigen, dasz irgend eine äuszerst reiche Quelle von Kiesel vorhanden gewesen ist, und da diese plattenförmigen Adern vom Trachyt nur in ihrer gröszern Härte, Brüchigkeit und weniger leichten Schmelzbarkeit verschieden sind, so erscheint es wahrscheinlich, dasz ihr Ursprung der Absonderung oder Infiltration von kieseliger Substanz zuzuschreiben ist, in derselben Art und Weise, wie es in vielen sedimentären Gesteinen mit den Eisenoxyden der Fall ist.

Kieseliger Sinter und Jaspis – Der kieselige Sinter ist entweder völlig weisz, von geringem specifischem Gewicht und von einem etwas perligen Bruche, in rosa perligen Quarz übergehend, oder er ist gelblich weisz mit hartem Bruche und enthält dann in kleinen Höhlungen ein erdiges Pulver. Beide Varietäten kommen entweder in groszen unregelmäszigen Massen in dem veränderten Trachyt vor, oder in Bändern, welche in breiten, senkrechten, gewundenen, unregelmäszigen Adern eines compacten, derben Gesteins von einer trüb röthlichen Färbung, das wie Sandstein aussieht, eingeschlossen sind. Dies Gestein ist indessen nur veränderter Trachyt; und eine sehr ähnliche Varietät, nur häufig wabenartig durchbrochen, hängt zuweilen den im vorigen Paragraphen beschriebenen vorspringenden, plattenförmigen Adern an. Der Jaspis ist von einer ockergelben oder rothen Farbe; er kommt in groszen unregelmäszigen Massen und zuweilen in Adern vor, und zwar sowohl in dem veränderten Trachyt als auch in einer zusammengehäuften Masse von schlackigem Basalt. Die Zellen des schlackigen Basalts sind mit feinen, concentrischen Schichten von Chalcedon ausgekleidet oder erfüllt, welche von hellrothem Eisenoxyd bedeckt oder gefleckt sind. In diesem Gesteine, besonders in den im Ganzen compacteren Theilen sind unregelmäszige eckige Flecken des rothen Jaspis eingeschlossen, deren Ränder unmerklich in die umgebende Masse übergeht; es kommen noch andere derartige Flecken vor, welche einen zwischen dem des vollkommenen Jaspis und dem des eisenhaltigen zerfallenen basaltischen Grundgesteins mitten innestehenden Character haben. In diesen Flecken und gleicherweise auch in den groszen aderartigen Massen von Jaspis kommen kleine abgerundete Höhlungen vor von genau derselben Grösze und Form wie die Lufträume, welche in dem schlackigen Basalt mit Schichten von Chalcedon erfüllt und ausgekleidet sind. Kleine Fragmente des Jaspis unter dem Mikroskop untersucht scheinen einem Chalcedon ähnlich zu sein, dessen färbende Substanz nicht in Schichten getrennt, sondern in die kieselige Paste, zusammen mit einigen Unreinigkeiten, eingemischt ist. Ich kann diese Thatsache, – nämlich den Übergang des Jaspis in den halb zersetzten Basalt, – sein Vorkommen in winkligen Flecken, welche deutlich nachweisbar keine früher existirende Höhlungen in dem Gestein einnehmen, – und den Umstand, dasz er kleine mit Chalcedon erfüllte Blasen enthält wie diejenigen in der schlackigen Lava, – nur unter der Annahme verstehn, dasz eine Flüssigkeit, wahrscheinlich dieselbe Flüssigkeit, welche den Chalcedon in den Lufträumen absetzt, in denjenigen Theilen, wo keine Höhlungen vorhanden waren, die Bestandtheile des basaltischen Gesteins entfernte, an deren Stelle Kieselsäure und Eisen zurückliesz und in dieser Weise den Jaspis erzeugte. An einigen Exemplaren von verkieseltem Holze habe ich beobachtet, dasz in derselben Art und Weise wie in dem Basalt die festen Theile in eine dunkel gefärbte homogene Gesteinsmasse umgewandelt waren, während die von den gröszeren Saftgefässen gebildeten Räume (welche mit den Lufträumen in der basaltischen Lava verglichen werden können) und andere unregelmäszige Höhlungen, die augenscheinlich durch den Zerfall entstanden waren, mit concentrischen Schichten von Chalcedon erfüllt waren; in diesem Falle läszt sich kaum daran zweifeln, dasz eine und die nämliche Flüssigkeit die homogene Grundsubstanz und die Schichten von Chalcedon abgesetzt hat. Nach diesen Betrachtungen kann ich nicht daran zweifeln, dasz der Jaspis von Ascension als ein verkieseltes vulcanisches Gestein angesehen werden kann, in demselben Sinne wie dieser Ausdruck auf verkieseltes Holz angewendet wird; wir sind hier gleicherweise darüber in Unwissenheit, durch welche Mittel ein jedes Atom von Holz, während es in einem vollkommenen normalen Zustande war, entfernt und durch Kiesel ersetzt wurde, wie darüber, durch welche Mittel in dieser Weise auf die constituirenden Bestandtheile eines vulcanischen Gesteins eingewirkt werden konnte[27]. Ich war dadurch zu einer sorgfältigen Untersuchung dieser Gesteine und zu der hier mitgetheilten Schluszfolgerung geführt worden, dasz ich Professor Henslow eine ähnliche Ansicht in Bezug auf den Ursprung vieler Chalcedone und Achate in Trappgesteinen habe aussprechen hören. Kieselige Ablagerungen scheinen in theilweise zersetzten trachytischen Tuffen von sehr weitem, wenn nicht von ganz allgemeinem Vorkommen zu sein[28]; und da diese Berge, nach der oben mitgetheilten Ansicht, aus in situ erweichtem und verändertem Trachyt bestehn, so dürfte das Vorkommen freier Kieselsäure in diesem Falle der bekannten Liste als ein weiteres Beispiel noch hinzugefügt werden können.

Concretionen in bimssteinartigem Tuff – Der auf der Karte mit der Bezeichnung »Crater eines alten Vulcans« versehene Berg hat keine Berechtigung zu dieser Benennung, die ich hätte finden können, ausgenommen in dem Umstand, dasz er von einem kreisförmigen, sehr seichten, untertassenförmigen Gipfel von nahezu einer halben Meile gekrönt wird. Diese Aushöhlung ist durch viele aufeinanderfolgende Schichten von Asche und Schlacken verschiedener Färbungen beinahe ausgefüllt, welche in geringem Grade consolidirt sind. Jede der übereinanderliegenden, gleichfalls untertassenförmigen Schichten steht im ganzen Umkreise des Randes an; sie bilden eben so viele Ringe von verschiedener Farbe und geben dem Berg ein phantastisches Ansehn. Der äuszerste Ring ist breit und von weiszer Farbe; er ist daher einer Bahn ähnlich, auf welcher rund herum Pferde eingeritten worden sind; er hat daher den Namen »des Teufels Reitbahn« erhalten, unter welchem er am allgemeinsten bekannt ist. Diese aufeinander folgenden Schichten von Asche müssen auf die ganze Gegend in der Umgebung des Berges gefallen sein; sie sind aber überall wieder weggeweht worden, ausgenommen in dieser Vertiefung, in welcher sich wahrscheinlich entweder während eines Jahres wo auszerordentlicher Weise Regen fiel oder während der, vulcanische Ausbrüche häufig begleitenden Stürme Feuchtigkeit angesammelt hatte. Eine dieser Schichten von einer rosa Färbung und hauptsächlich aus kleinen zerfallenen Bimssteinfragmenten bestehend ist deshalb merkwürdig, dasz sie zahlreiche Concretionen enthält. Dieselben sind meist sphärisch, von einem halben Zoll bis zu drei Zoll im Durchmesser; sie sind aber gelegentlich cylindrisch, wie die Eisenkies-Concretionen in der europäischen Kreide. Sie bestehn aus einem sehr zähen, compacten, blasz braunen Gesteine mit einem glatten und ebenen Bruche. Sie sind durch dünne weisze Unterschiede in concentrische Schichten getheilt, welche der allgemeinen

Oberfläche gleichen; sechs oder acht solcher Schichten näher an der Auszenseite sind deutlich und bestimmt; diejenigen aber nach dem Innern zu werden undeutlich und verschmelzen zu einer homogenen Masse. Ich vermuthe, dasz diese concentrischen Schichten durch das Zusammenschrumpfen der Concretion beim Compactwerden derselben sich bildeten. Der innere Theil ist meistens durch äuszerst kleine Spalten oder Durchzüge durchbrochen, welche sowohl von schwarzen metallischen, als von weiszen und krystallinischen Flecken überzogen sind, deren Beschaffenheit ich nicht im Stande war zu ermitteln. Einige der gröszeren Concretionen bestehn einfach aus einer kugligen Schale, welche mit leicht zusammengeballter Asche gefüllt ist. Die Concretionen enthalten eine geringe Menge von kohlensaurem Kalk; ein Stückchen vor das Löthrohr gebracht, decrepitirt, wird dann weisz und schmilzt zu einem blasigen Schmelz zusammen, wird aber nicht caustisch. Die umgebende Asche enthält keinen kohlensauren Kalk; die Concretionen haben sich daher wahrscheinlich, wie es so häufig der Fall ist, durch Zusammenhäufen dieser Substanz gebildet. Mir ist nirgends eine Beschreibung ähnlicher Concretionen vorgekommen; und zieht man ihre grosze Festigkeit und Compactheit in Betracht, so ist ihr Vorkommen in einer Schicht, welche wahrscheinlich nur der Einwirkung der atmosphärischen Feuchtigkeit ausgesetzt gewesen ist, merkwürdig.

Bildung kalkiger Gesteine an der Meeresküste. – An verschiedenen Stellen des Meeresstrandes finden sich ungeheure Anhäufungen von kleinen, gut abgerundeten Stückchen von Muscheln und Corallen, von weiszer, gelblicher und rosa Färbung, dazwischen einige wenige vulcanische Bruchstücke eingestreut. In der Tiefe von einigen wenigen Fuszen findet man dieselben zu einem Gesteine verkittet, deren weichere Varietäten zum Bauen benutzt werden; es gibt noch andere Varietäten, sowohl grob- als fein-körnig, welche für diesen Zweck zu hart sind: ich habe eine Masse solchen Gesteins gesehn, welche, in ebene Schichten von einem halben Zoll an Mächtigkeit getheilt, so compact waren, dasz sie beim Anschlagen mit einem Hammer wie Feuerstein klangen. Die

Einwohner sind der Ansicht, dasz die einzelnen Stückchen im Laufe eines Jahres mit einander verbunden werden. Die Verbindung wird durch kalkige Masse bewirkt; und in den compactesten Varietäten kann man deutlich sehn, dasz jedes einzelne abgerundete Stückchen von Muscheln und vulcanischem Gestein in eine Schale von durchsichtigem kohlensaurem Kalk eingehüllt ist. Äuszerst wenig vollkommene Muscheln sind in diesen zusammengekitteten Massen eingeschlossen: ich habe selbst ein gröszeres Fragment unter dem Mikroskop untersucht, ohne im Stande gewesen zu sein, auch nur die geringste Spur von Streifen oder andern Andeutungen der äuszeren Gestalt zu entdecken; dies weist darauf hin, wie lange ein jedes Stückchen umher gerollt worden sein musz, ehe es an die Reihe kam, eingeschlossen und verkittet zu werden[29]. Wurde eine der compactesten Varietäten in Säure gelegt, so wurde sie gänzlich aufgelöst, mit Ausnahme von etwas flockiger thierischer Substanz; ihr specifisches Gewicht war 2,63. Das specifische Gewicht des gewöhnlichen Kalksteins schwankt von 2,6 bis 2,75; reiner Marmor aus Carrara hatte, wie Sir HENRY DE LA BECHE fand[30], 2,7. Es ist merkwürdig, dasz diese Gesteine von Ascension, welche so dicht an der Oberfläche sich bilden, beinahe so compact sind, wie Marmor, welcher in den plutonischen Gegenden der Wirkung der Hitze und des Drucks unterworfen gewesen ist.

Die grosze Anhäufung loser kalkiger Gesteinsfragmente, welche in der Nähe der Niederlassung auf dem Strande liegen, beginnt im Monat October und ist in ihrer Bewegung nach Südwesten gerichtet, was, wie mir Lieut. EVANS mitgetheilt hat, die Folge einer Veränderung in der vorherrschenden Richtung der Strömungen ist. Zu dieser Zeit werden die zwischen den Fluthgrenzen liegenden Felsen am Südwest-Ende des Strandes, wo sich der kalkige Sand anhäuft und um welches die Strömungen herumbiegen, allmählich von einer kalkigen, einen halben Zoll mächtigen Incrustation überzogen. Sie ist völlig weisz, compact, an einigen Stellen unbedeutend spathig und fest an die Felsen angeheftet. Nach einer kurzen Zeit verschwindet sie allmählich; sie wird entweder aufgelöst, wenn das Wasser mit Kalk weniger beladen ist, oder noch wahrscheinlicher, sie wird mechanisch abgerieben. Lieut. Evans hat diese Thatsachen während der sechs Jahre, in denen er auf Ascension gelebt hat, beobachtet. Die Incrustation schwankt in verschiedenen Jahren in ihrer Dicke: im Jahre 1831 war sie ungewöhnlich dick. Als ich im Juli dort war, war kein Rest der Incrustation mehr übrig geblieben; aber an einer Basaltkuppe, von welcher die Steinbrecher vor Kurzem eine Masse des kalkigen Sandsteins entfernt hatten, war die Incrustation vollständig erhalten. Zieht man die Lage der zwischen den Fluthgrenzen befindlichen Felsen in Betracht und die Periode, zu welcher sie mit diesem Überzuge versehen werden, so läszt sich nicht daran zweifeln, dasz die Bewegung und Aufstörung der ungeheuren Anhäufung kalkiger Theilchen, von denen viele theilweise mit einander verklebt sind, eine so bedeutende Schwängerung der Meereswellen mit kohlensaurem Kalke verursacht, dasz sie denselben an den ersten Gegenstand niederlegen, welchen sie benetzen. Lieut. Holland, R. N., hat mir mitgetheilt, dasz sich diese Incrustation an vielen Stellen der Küste bildet; an den meisten derselben finden sich, wie ich glaube, auch grosze Massen fein zerkleinerter Schalthiergehäuse.

Eine blattartige kalkige Incrustation. – Es ist dies ein in vielen Beziehungen merkwürdiger Niederschlag; er überzieht das ganze Jahr hindurch die zwischen den Fluthgrenzen liegenden vulcanischen Felsen, welche aus dem aus zerbrochenen Schalthiergehäusen bestehenden sandigen Strande vorspringen. Sein allgemeines äuszeres Aussehn ist in dem beistehenden Holzschnitt ganz gut wiedergegeben; aber die blattartigen Gebilde oder Scheiben, aus denen er besteht, sind meistens so dicht zusammengedrängt, dasz sie sich berühren. Diese laubartigen Gebilde sind an ihren buchtigen Rändern fein crenelirt und springen über ihre Stiele oder Träger vor; ihre obern Flächen sind entweder unbedeutend concav oder leicht convex; sie sind in hohem Grade polirt und von einer dunkel grauen oder ruszschwarzen Färbung; ihre Form ist unregelmäszig, meistens kreisförmig, sie messen von einem Zehntel Zoll bis zu anderthalb Zoll im Durchmesser; ihre Dicke oder die Höhe ihres Vorspringens von dem Gesteine, auf welchem sie stehn, schwankt bedeutend, ein Viertel Zoll ist vielleicht das gewöhnlichste Masz. Die laubartigen

70

Bildungen werden gelegentlich immer mehr und mehr convex, bis sie in blumenkohlartige Massen mit gespaltenen freien Enden übergehn; finden sie sich in diesem Zustande, so sind sie glänzend und intensiv schwarz, so dasz sie irgend einer geschmolzenen metallischen Substanz ähnlich sind. Ich habe die Incrustation sowohl in diesem letzt erwähnten als auch in ihrem gewöhnlichen Zustande mehreren Geologen gezeigt, und nicht einer unter ihnen konnte ihren Ursprung errathen, ausgenommen dasz sie vielleicht vulcanischer Natur sei!

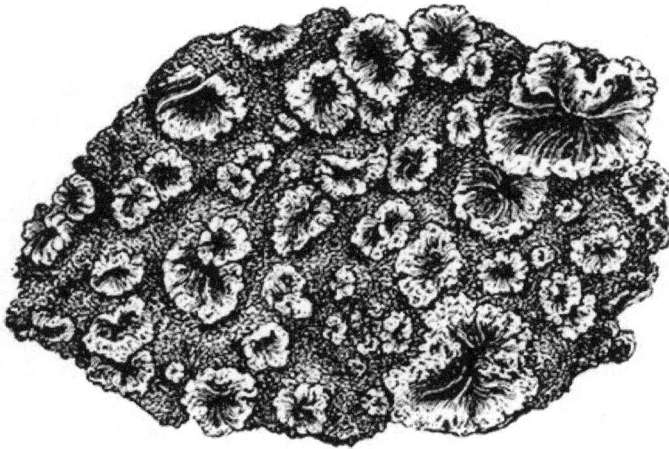

Fig. 5. Eine Incrustation aus kalkiger und animaler Substanz, welche die zwischen den Fluthgrenzen gelegenen Felsen auf Ascension überzieht.

Die blattartigen Vorsprünge bildende Substanz hat einen sehr compacten und häufig beinahe krystallinischen Bruch; die Ränder sind durchscheinend und hart genug, um Kalkspath leicht zu ritzen. Vor dem Löthrohre wird sie sofort weisz und entwickelt einen starken animalen Geruch, ähnlich dem frischer Muscheln. Sie ist hauptsächlich aus kohlensaurem Kalke zusammengesetzt; wird sie in Salzsäure gelegt, so braust sie stark auf und läszt einen Rückstand von schwefelsaurem Kalke und von Eisenoxyd, zusammen mit einem schwarzen Pulver zurück, welches in heiszen Säuren nicht löslich ist. Diese letztere Substanz scheint

71

kohlenstoffhaltig zu sein; sie ist offenbar die färbende Substanz. Der kohlensaure Kalk ist fremdartiger Gemengtheil; er kommt in einzelnen, äuszerst minutiösen, lamellösen Blättern vor, mit welchen die Oberflächen der laubartigen Gebilde besetzt sind und welche zwischen den feinen Lagen, aus welchen dieselben zusammengesetzt sind, eingeschlossen werden; wird ein Bruchstück vor dem Löthrohr erhitzt, so werden diese Lamellen sofort sichtbar gemacht. Die ursprünglichen Umrisse der blattartigen Gebilde lassen sich häufig entweder bis zu einem minutiösen Muscheltheilchen, welches in einer Gesteinsspalte steckt, oder zu mehreren solchen mit einander verkitteten hin verfolgen; diese werden durch die auflösende Kraft der Wellen zuerst tief zu scharfen Leisten angeätzt und werden dann von aufeinanderfolgenden Schichten der glänzenden, grauen, kalkigen Incrustation überzogen. Die Unebenheiten der ersten Unterlage beeinflussen den Umrisz jeder der aufeinanderfolgenden Schichten, in derselben Art und Weise, wie man es häufig an Bezoarsteinen sehen kann, wenn ein Gegenstand wie ein Nagel den Mittelpunkt der Ablagerungen bildet. Die crenelirten Ränder indessen sind augenscheinlich eine Folge der anätzenden Kraft der Brandung auf ihren eignen Niederschlag, die abwechselnd mit frischen Ablagerungen in Thätigkeit tritt. An einigen glatten basaltischen Gesteinen an der Küste von St. Jago fand ich eine äuszerst dünne Schicht einer braunen kalkigen Masse, welche unter der Lupe eine Miniatur-Ähnlichkeit mit dem crenelirten und polirten frondescirenden Gebilden von Ascension darbot; in diesem Falle boten keinerlei vorspringende fremdartige Theilchen irgend welche Grundlage. Obgleich die Incrustation von Ascension das ganze Jahr hindurch bestehn bleibt, so scheint doch nach dem abgenagten Aussehn einiger Stellen und nach dem frischen Ansehn anderer Theile das Ganze einen Kreislauf von Zerfall und Erneuerung durchzumachen, wahrscheinlich in Folge von Veränderungen in der Form des beweglichen Strandes und in Folge dessen auch in der Wirkung der Brandungswellen; daher rührt es auch wahrscheinlich, dasz die Incrustation niemals eine grosze Mächtigkeit erreicht. Nimmt man die Lage der incrustirten Felsen mitten in dem kalkigen Strande, zusammen mit ihrer

Zusammensetzung in Betracht, so läszt sich, wie ich glaube, wohl nicht daran zweifeln, dasz die Entstehung der Incrustation eine Folge der Auflösung und später wieder erfolgenden Ablagerung der, die abgerundeten Muschel- und Corallentheilchen zusammensetzenden Substanz ist[31]. Aus dieser Quelle entnimmt die Incrustation die animale Substanz, welche offenbar das färbende Princip in ihr ist. Die Beschaffenheit des Niederschlags in seinen Anfangsstadien läszt sich häufig an einem Fragmente weiszer Muscheln erkennen, wenn dasselbe zwischen zwei der blattartigen Gebilde eingeklemmt ist; er erscheint dann genau wie der allerdünnste Anstrich von einem blasz grauen Firnisz. Die Dunkelheit desselben schwankt ein wenig, aber die tiefe Ruszschwärze einiger der laubartigen Gebilde und der blumenkohlähnlichen Massen scheint eine Folge des Durchscheinens der aufeinanderfolgenden grauen Schichten zu sein. Darin zeigt die Ablagerung ein eigenthümliches Verhalten, dasz sie, wenn sie auf der untern Fläche überhängender Felsstufen oder in Spalten gebildet wird, immer von blasz grauer, perlenartiger Färbung erscheint, selbst wenn sie von beträchtlicher Dicke ist; man wird daher zu der Vermuthung geführt, dasz eine reichliche Menge von Licht für die Entwickelung der dunklen Farbe nothwendig ist, in derselben Art und Weise, wie es mit den dem Lichte ausgesetzten oberen Flächen der Schalen lebender Mollusken der Fall zu sein scheint, welche immer, verglichen mit ihrer untern Fläche und mit den gewöhnlich vom Mantel der Thiere bedeckten Stellen dunkel sind. In diesem Umstande, – in dem sofortigen Verlust der Farbe und dem abgegebenen Geruche in der Flamme des Löthrohrs, – in dem Grade der Härte und des Durchscheinens der Ränder, – und in der schönen Politur der Oberfläche[32], welche im frischen Zustande mit der schönsten *Oliva* rivalisirt, besteht eine auffallende Analogie zwischen dieser anorganischen Incrustation und den Schalen lebender Weichthiere[33]. Es scheint mir dies eine interessante physiologische Thatsache zu sein[34].

Eigenthümliche blättrige Schichten, welche mit Obsidian abwechseln und in solchen übergehn. – Diese Schichten kommen

73

innerhalb des trachytischen Districts am westlichen Fusze des Grünen Berges (Green Mountain) vor, unter welchem sie mit starker Neigung einfallen. Sie sind nur theilweise dem Blicke ausgesetzt, und von modernen Auswürflingen bedeckt; aus diesem Grunde war ich nicht im Stande, ihre Verbindung mit dem Trachyt zu verfolgen oder ausfindig zu machen, ob sie als ein Lavastrom ausgeflossen sind oder ob sie zwischen die darüberliegenden Schichten injicirt worden sind. Es sind drei Hauptschichten von Obsidian vorhanden, von welchen die dickste die Unterlage des Durchschnitts bildet. Die abwechselnden steinigen Schichten scheinen mir in hohem Grade merkwürdig zu sein und sollen zuerst beschrieben werden, später dann ihr Übergang in den Obsidian. Sie haben ein äuszerst verschiedenartiges Aussehn; man kann fünf hauptsächliche Varietäten beobachten, dieselben gehn aber durch endlose Abstufungen in einander über.

Erstens: – ein blasz graues, unregelmäszig und grob-blättriges[35], sich rauh anfühlendes Gestein, Thonschiefer ähnlich, welcher mit einem Trappgang in Berührung gewesen ist, und mit einem Bruche von ungefähr demselben Grade krystallinischer Structur. Dies Gestein, ebenso wie die folgenden Varietäten, schmilzt leicht zu einem blassen Glase. Der gröszere Theil ist wabenartig von unregelmäszigen, winkligen Höhlungen durchbrochen, so dasz das Ganze ein angefressenes Aussehn hat; manche Bruchstücke sind in einer merkwürdigen Art und Weise verkieselten Klötzen zerfallenen Holzes ähnlich. Diese Varietät ist häufig, besonders da wo sie compacter ist, mit dünnen weiszlichen Streifen gezeichnet, welche entweder gerade verlaufen oder einer nach dem andern die länglichen cariösen Höhlungen umgeben.

Zweitens: – ein bläulich graues oder blasz braunes, compactes, schweres, homogenes Gestein mit einem winkligen, unebenen, erdigen Bruche; betrachtet man es indessen unter einer Lupe von starker Vergröszerung, so sieht man deutlich, dasz der Bruch krystallinisch ist; es lassen sich selbst einzelne Mineralien unterscheiden.

Drittens: – ein Gestein von derselben Art, wie das

letzterwähnte, aber mit zahlreichen, parallelen, unbedeutend gewundenen, weiszen Linien von der Dicke eines Haares gezeichnet. Diese weiszen Linien sind krystallinischer als die Stellen zwischen ihnen; und das Gestein spaltet sich denselben entlang: sie dehnen sich häufig zu auszerordentlich dünnen Höhlungen aus, welche häufig mit einer Lupe nur eben wahrnehmbar sind. Die diese weiszen Linien bildende Substanz ist in diesen Höhlungen besser krystallisirt, und Professor MILLER war nach mehreren Versuchen so glücklich festzustellen, dasz die weiszen Krystalle, welche die gröszten sind, aus Quarz bestanden[36], und dasz die äuszerst kleinen grünen, durchscheinenden Nadeln Augit waren, oder, wie sie wohl allgemeiner genannt werden dürften, Diopsid: auszer diesen Krystallen finden sich einige äuszerst kleine, dunkle Flecken ohne eine Spur von Krystallisation und eine schöne, weisze, granulöse, krystallinische Substanz, welche wahrscheinlich Feldspath ist. Minutiöse Fragmente dieses Gesteins sind leicht schmelzbar.

Viertens: – ein compactes krystallinisches Gestein, in geraden Linien von unzähligen Schichten in weiszen und grauen Farbenschattirungen gestreift, welche in der Breite von 1/30 bis 1/200 Zoll variiren; diese Schichten scheinen hauptsächlich aus Feldspath zusammengesetzt zu sein und enthalten zahlreiche vollkommene Krystalle von glasigem Feldspath, welche der Länge nach gestellt sind; sie sind auch dicht mit mikroskopisch minutiösen, amorphen, schwarzen Flecken besetzt, welche in Reihen geordnet sind und entweder einzeln stehn oder noch häufiger zu zweien oder dreien oder noch mehreren mit einander zu schwarzen Linien verbunden sind, welche dünner als ein Haar sind. Wenn ein kleines Bruchstück vor dem Löthrohr erhitzt wird, so schmelzen die schwarzen Flecke leicht zu glänzenden schwarzen Perlen, welche magnetisch werden, – Charactere, welche auf kein gewöhnliches Mineral passen, mit Ausnahme von Hornblende oder Augit. Mit den schwarzen Flecken sind einige andere von rother Farbe gemengt, welche schon vor dem Erhitzen magnetisch sind und ohne Zweifel aus Eisenoxyd bestehn. An einem Handstück dieser Varietät fand ich rings um zwei kleine Höhlungen die schwarzen Flecke zu äuszerst kleinen

Krystallen zusammengehäuft, welche wie Krystalle von Augit oder Hornblende aussahen, aber zu trübe und klein waren, um mit dem Goniometer gemessen zu werden; an diesem Exemplar konnte ich auch zwischen dem krystallinischen Feldspath Körner unterscheiden, welche das Aussehn von Quarz hatten. Bei einem Versuch mit dem Parallel-Lineal fand ich, dasz die dünnen grauen Schichten und die schwarzen haar-ähnlichen Linien absolut gerade und einander parallel waren. Man kann unmöglich den allmählichen Übergang der homogenen grauen Gesteine in diese gestreiften Varietäten verfolgen, ja selbst die Beschaffenheit der verschiedenen Schichten an einem und demselben Handstück vergleichen, ohne davon überzeugt zu werden, dasz die mehr oder weniger vollkommene weisze Farbe der krystallinischen feldspathartigen Substanz von der mehr oder minder vollständigen Verbindung diffundirter Massen zu den schwarzen und rothen Flecken von Hornblende und Eisenoxyd abhängt.

Fünftens: – ein compactes, schweres, nicht blättriges Gestein mit einem unregelmäszigen, winkligen, in hohem Grade krystallinischen Bruche; Krystalle von glasigem Feldspath sind äuszerst zahlreich in ihm und die krystallinische Grundsubstanz und Feldspath ist mit einem schwarzen Mineral gefleckt, welches an der verwitterten Oberfläche zu kleinen Krystallen zusammengeschlossen zu sehn ist, von denen einige vollkommen, die aber der gröszern Zahl nach unvollkommen sind. Ich zeigte ein Handstück hiervon einem erfahrenen Geologen und frug ihn, was es wäre; er antwortete mir, wie jeder Andere, glaube ich, gethan haben würde, dasz es ein primitiver Grünstein wäre. Auch die verwitterte Oberfläche der vorigen, gestreiften Varietät (No. 4) ist einem abgeriebenen Fragmente fein blättrigen Gneiszes auffallend ähnlich.

Diese fünf Varietäten, mit noch vielen dazwischen liegenden, gehn nun wiederholt abwechselnd in einander über. Da die compacten Varietäten den andern vollständig untergeordnet sind, kann man das Ganze als blättrig oder gestreift betrachten. Die einzelnen Blätter sind, um ihre charakteristischen Merkmale zusammenzufassen, entweder vollkommen gerade oder in unbedeutendem Grade gewunden oder verschlungen; sie sind sämmtlich einander und den dazwischen liegenden Schichten von Obsidian parallel; sie sind meist von äuszerster Dünne sie bestehn entweder aus einem dem Augenscheine nach homogenen, compacten, mit verschiedenen Schattirungen grauer und brauner Färbung gestreiften Gesteine, oder aus krystallinischen feldspathigen Schichten in einem mehr oder weniger vollkommenen Zustande von Reinheit und von verschiedener Mächtigkeit mit deutlichen, der Länge nach angeordneten Krystallen von glasigem Feldspath, oder aus sehr dünnen Schichten, welche hauptsächlich aus äuszerst kleinen Krystallen von Quarz und Augit, oder aus schwarzen und rothen Flecken eines augitischen Minerals und Eisenoxyds, entweder gar nicht oder nur unvollkommen krystallisirt, zusammengesetzt sind. Nachdem ich den Obsidian ausführlich beschrieben habe, werde ich auf das Capitel von der blättrigen Beschaffenheit der Gesteine der Trachyt-Reihe zurückkommen.

Der Übergang der vorstehend geschilderten Lager in die Schichten des glasigen Obsidians wird auf verschiedene Arten bewerkstelligt: entweder erstens: es treten eckige knotige Massen von Obsidian, sowohl grosze als kleine, plötzlich in einem schiefrigen, oder in einem amorphen, blasz gefärbten feldspathigen Gestein mit einem einigermaszen perligen Bruche auf. Oder zweitens: kleine unregelmäszige Knötchen von Obsidian, welche entweder einzeln stehn oder in dünne, selten mehr als ein Zehntel Zoll an Mächtigkeit messende Schichten vereinigt sind, wechseln wiederholt mit sehr dünnen Lagen eines feldspathigen Gesteins ab, welches mit den feinsten parallelen Farbenzonen wie ein Achat gestreift ist und welches zuweilen in die Beschaffenheit des Pechsteins übergeht; die Zwischenräume zwischen den Obsidiankörnern sind meistens mit weicher, weiszer Substanz erfüllt, welche Bimssteinasche ähnlich ist. Drittens: die ganze Substanz des angrenzenden Gesteins geht plötzlich in eine kantig-concretionäre Masse von Obsidian über. Derartige Massen (ebenso wie die kleinen Knötchen) von Obsidian sind von einer blasz grünen Färbung und meist mit verschiedenen Farbenschattirungen gestreift, welche den Blättern des umgebenden Gesteins parallel sind; sie enthalten gleicherweise meistens minutiöse weisze Sphäruliten, deren eine Hälfte zuweilen in eine Zone der einen Farbenschattirung, die andere Hälfte in eine Zone einer andern Schattirung eingebettet ist. Der Obsidian nimmt seine ruszschwarze Farbe und seinen vollkommen muschligen Bruch nur da an, wo er in groszen Massen auftritt; aber selbst an solchen konnte ich bei sorgfältiger Untersuchung und wenn ich die Exemplare in verschiedene Beleuchtungen brachte, meistens parallele Streifen verschiedener Schattirungen von Dunkelheit erkennen.

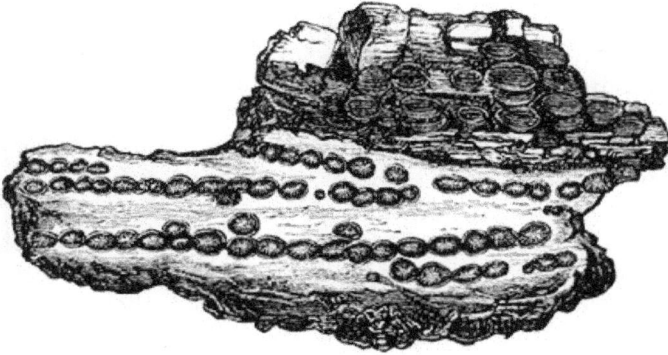

Fig. 6. Opake, braune Sphäruliten, in vergröszertem Maszstabe gezeichnet, die oberen sind äuszerlich mit parallelen Leisten gezeichnet. Die innere strahlige Structur der unteren ist viel zu deutlich dargestellt.

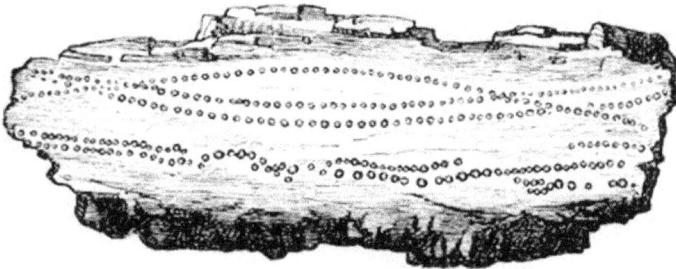

Fig. 7. Eine durch die Verbindung äuszerst kleiner brauner Sphäruliten gebildete Lage, welche zwei andere ähnliche Lagen durchschneidet; das Ganze ist nahebei in natürlicher Grösze dargestellt.

Eines der häufigsten Übergangsgesteine verdient in mehreren Beziehungen noch eine weitere Beschreibung. Es ist von einer sehr complicirten Beschaffenheit und besteht aus zahlreichen dünnen, leicht gewundenen Schichten eines blaszgefärbten, feldspathigen Steins, welcher häufig in einen unvollkommenen Pechstein übergeht und mit, aus zahllosen kleinen Kügelchen von zwei Varietäten von Obsidian und zwei Arten von Sphäruliten, die in eine weiche oder eine harte perlige Grundlage eingeschlossen

79

sind, bestehenden Schichten abwechselt. Die Sphäruliten sind entweder weisz und durchscheinend, oder dunkel braun und opak; die ersteren sind vollkommen sphärisch, von geringer Grösze und deutlich von ihrem Mittelpunkte aus strahlig. Die dunkel braunen Sphäruliten sind weniger vollkommen rund und schwanken im Durchmesser von 1/20 bis zu 1/30 Zoll; werden sie zerbrochen, so bieten sie nach ihrem Mittelpunkte hin, welcher weiszlich ist, ein undeutlich strahliges Gefüge dar; sind zwei von ihnen verbunden, so haben sie zuweilen nur einen einzigen mittleren Punkt des Ausstrahlens; gelegentlich findet sich eine Spur einer Höhlung oder einer Spalte in ihrem Mittelpunkte. Sie stehn entweder einzeln oder sind zu zweien oder dreien oder vielen in unregelmäszige Gruppen, oder noch häufiger in Schichten geordnet, welche der Schichtung der ganzen Masse parallel laufen. Diese Verbindung ist in vielen Fällen so vollkommen, dasz die beiden Seiten der in dieser Weise gebildeten Schicht ganz eben sind; und in dem Masze als diese Schichten weniger braun und opak werden, können sie von den abwechselnden Schichten des blasz gefärbten feldspathigen Gesteins nicht unterschieden werden. Sind die Sphäruliten nicht verbunden, so sind sie meistens in der Ebene der Blätterung der ganzen Masse zusammengedrückt; und in dieser nämlichen Ebene sind sie häufig im Innern von Zonen verschiedener Farbenschattirungen und äuszerlich mit kleinen Leisten und Furchen gezeichnet. In dem oberen Theile des beistehenden Holzschnittes (Fig. 6) sind die Sphäruliten mit den parallelen Leisten und Furchen in einem vergröszerten Maszstabe dargestellt, aber nicht gut ausgeführt; im untern Theile ist die gewöhnliche Art ihrer Anordnung dargestellt. An einem andern Handstück durchschneidet eine dünne, aus den braunen, dicht mit einander verbundenen Sphäruliten bestehende Lage, wie im Holzschnitt, Fig. 7, dargestellt ist, eine Lage von ähnlicher Zusammensetzung; und nachdem sie eine kurze Strecke weit in einer leicht bogenförmigen Linie weitergezogen ist, durchschneidet sie die andere nochmals und gleicherweise eine zweite Schicht, welche eine kurze Strecke weit unter der zuerst durchschnittenen liegt. Auch die kleinen Knötchen von Obsidian sind zuweilen äuszerlich mit Leisten und

Furchen gezeichnet, welche meistens der Blätterung der Masse parallel laufen, aber stets weniger deutlich als bei den Sphäruliten sind. Die Obsidianknötchen sind meistens eckig mit abgestumpften Kanten; häufig ist auf ihnen die Form der benachbarten Sphäruliten abgedrückt, sie sind immer gröszer als diese; die einzelnen Knötchen erscheinen selten so, als hätten sie einander durch Äuszerung einer gegenseitigen Anziehungskraft ausgezogen. Hätte ich nicht in einigen Fällen ein deutliches Attractionscentrum in diesen Obsidianknötchen gefunden, so würde ich darauf geführt worden sein, sie als Rückstandsmasse zu betrachten, welche während der Bildung des Perlsteins, in welchem sie eingeschlossen sind, und der sphärulitischen Kugeln zurückgeblieben wäre.

Die Sphäruliten und die kleinen Obsidianknötchen in diesen Gesteinen ähneln in ihrer allgemeinen Gestalt und Structur den Concretionen in sedimentären Niederschlägen so sehr, dasz man versucht wird, ihnen einen analogen Ursprung zuzuschreiben. Sie sind gewöhnlichen Concretionen in den folgenden Beziehungen ähnlich: – in ihrer äuszeren Gestalt, – in der Vereinigung von zweien oder dreien oder von mehreren zu einer unregelmäszigen Masse oder zu einer Schicht mit ebenen Seiten, – in dem gelegentlichen Durchschneiden einer derartigen Schicht durch eine andere, wie es mit den Lagen von Feuersteinen in der Kreide der Fall ist, – in dem Vorhandensein von zwei oder drei Arten von Knötchen in derselben Grundsubstanz, häufig dicht neben einander, – in ihrer faserigen, strahligen Structur, gelegentlich mit Höhlungen in ihrer Mitte, – in dem Nebeneinander-Bestehn einer blättrigen, concretionären und strahligen Structur, wie dieselbe in den Concretionen im Zechstein (magnesian limestone) die Professor SEDGWICK beschrieben hat[37], so gut entwickelt ist. Concretionen in sedimentären Niederschlägen sind bekanntlich die Folge einer Trennung einer bestimmten mineralischen Substanz im Ganzen oder theilweise aus der umgebenden Masse und deren Anhäufung um gewisse Attractionspunkte. Durch diese Thatsache geleitet habe ich zu entdecken mich bemüht, ob der Obsidian und die Sphäruliten (denen noch Marekanit und Perlstein, welche beide in knotigen Concretionen in der Trachyt-Reihe vorkommen) in ihren constituirenden Bestandtheilen von den allgemein die trachytischen Gesteine zusammensetzenden Mineralien verschieden sind. Aus drei Analysen geht hervor, dasz Obsidian im Mittel 76 Procent Kieselsäure enthält; eine Analyse ergab, dasz die Sphäruliten 79,12% enthalten, und zwei Analysen, dasz Marekanit 79,25, zwei andere Analysen, dasz der Perlstein 75,62% Kieselsäure enthält[38]. Es bestehn nun die constituirenden Theile des Trachyts, so weit dieselben unterschieden werden können, aus Feldspath, welcher 65,21% Kieselsäure enthält, oder aus Albit mit 69,09, oder aus Hornblende, die 55,27% enthält[39], und Eisenoxyd; so dasz die vorhin geschilderten glasigen concretionären Substanzen sämmtlich einen höhern Procentsatz an Kieselsäure enthalten, als ein solcher in den gewöhnlichen feldspathigen oder trachytischen Gesteinen vorkommt. D'AUBUISSON[40] hat gleichfalls das, im Verhältnis zur Thonerde grosze proportionale Masz an Kieselsäure in sechs, in BRONGNIART'S Mineralogie gegebenen Analysen von Obsidian und Perlstein hervorgehoben. Ich komme daher zu dem Schlusse, dasz die vorhin geschilderten Concretionen durch einen, jenem in wässrigen Niederschlägen stattfindenden streng analogen Aggregationsprocesz gebildet worden sind, welcher hauptsächlich auf die Kieselsäure, aber gleicherweise auch auf einige der anderen Elemente der umgebenden Masse wirkt, und in dieser Weise die verschiedenen Varietäten der Concretionen hervorbringt. Nach den allgemein bekannten Wirkungen rapider Abkühlung[41], welche eine glasige Textur erzeugt, ist es wahrscheinlich nothwendig, dasz in solchen Fällen wie auf Ascension die ganze Masse mit einer gewissen Schnelligkeit abgekühlt ist; zieht man aber das wiederholte und complicirte Alterniren von Knötchen und dünnen Lagen einer glasigen Textur mit andern völlig steinigen oder krystallinischen Lagen, die sämmtlich innerhalb eines Raumes von wenigen Fuszen oder selbst Zollen liegen, in Betracht, so ist es kaum möglich, dasz sie mit verschiedener Schnelligkeit abgekühlt sind und dadurch ihre verschiedene Textur erlangt haben.

Die natürlichen Sphäruliten in diesen Gesteinen[42] sind denjenigen auszerordentlich ähnlich, welche sich im Glas bilden, wenn es langsam abgekühlt wird. An einigen schönen Exemplaren entglasten Glases im Besitz des Mr. STOKES sind die Sphäruliten zu geraden Schichten mit ebenen, einander parallelen Seiten, welche auch einer der äuszern Flächen parallel sind, genau wie beim Obsidian, verbunden. Diese Schichten verzweigen sich zuweilen unter einander und bilden Schlingen; ich habe aber keinen Fall von wirklichem Durchschneiden gesehn. Sie bilden den Übergang von den vollkommen glasigen Partien zu denjenigen, welche nahezu homogen und steinig mit nur undeutlicher concretionärer Structur sind. An einem und dem nämlichen Handstücke kommen auch unbedeutend in der Färbung und in der Structur verschiedene Sphäruliten dicht neben einander eingelagert vor. Zieht man diese Thatsachen in Betracht, so dient es einigermaszen zur Bestätigung der oben angeführten Ansicht von dem concretionären Ursprung der Obsidian- und der natürlichen Sphäruliten, wenn wir finden, dasz DARTIGUES[43] in seinem merkwürdigen Aufsatze über diesen Gegenstand die Entstehung der Sphäruliten im Glase dem Umstande zuschreibt, dasz die verschiedenen Ingredientien desselben ihren eigenen Attractionsgesetzen folgen und zusammengehäuft werden. Zu der Annahme, dasz dies stattfindet, wird er durch die Schwierigkeit geführt, sphärulitisches Glas wieder umzuschmelzen, ohne das Ganze vorher wiederum durchaus gepulvert und durcheinander gemengt zu haben; ferner auch durch die Thatsache, dasz die Veränderung am leichtesten an Glas stattfindet, welches aus vielen Bestandtheilen zusammengesetzt ist. Zur Bestätigung von DARTIGUES'S Ansicht will ich noch bemerken, dasz FLEURIAU DE BELLEVUE[44] gefunden hat, dasz die sphärulitischen Partien devitrificirten Glases sowohl von Salpetersäure als von der Löthrohrflamme in einer verschiedenen Art und Weise beeinfluszt wurden von der compacten Masse, in welcher sie eingeschlossen waren.

Vergleichung der Obsidian-Lager und der damit alternirenden Schichten von Ascension mit denen in andern Ländern. – Mir ist zu meiner groszen Überraschung bedeutend aufgefallen, wie auszerordentlich die ausgezeichnete

Beschreibung der Obsidian-Gesteine von Ungarn, die BEUDANT gegeben hat[45], und die von HUMBOLDT gegebene von derselben Formation in Mexico und Peru[46], und gleicherweise die von verschiedenen Autoren gegebenen Beschreibungen[47] der trachytischen Gegenden auf den italienischen Inseln mit meinen Beobachtungen auf Ascension übereinstimmen. Viele Stellen hätten sich ohne Abänderungen aus den Werken der genannten Autoren übertragen lassen und würden auf diese Insel gepaszt haben. Sie stimmen sämmtlich in der Schilderung des blättrigen und geschichteten Characters der ganzen Reihe überein; und HUMBOLDT sagt von einigen der Obsidian-Lager, dasz sie wie Jaspis gebändert wären[48]. Sie stimmen sämmtlich in der Erwähnung des knotigen oder concretionären Characters des Obsidians und des Übergangs dieser Knötchen in Lager überein. Sie erwähnen auch sämmtlich das wiederholte, häufig in wellenförmig gebogenen Ebenen angeordnete Abwechseln glasiger, perliger, steiniger und krystallinischer Schichten; indessen scheinen die krystallinischen Schichten auf Ascension viel vollkommener entwickelt zu sein als in den obengenannten Ländern. HUMBOLDT vergleicht einige der steinigen Schichten, wenn sie aus der Entfernung angesehn werden, mit den Schichten eines glimmerigen Sandsteins. Sphäruliten werden in allen Fällen als in ungeheurer Menge vorkommend beschrieben; sie scheinen überall den Übergang von den vollkommener glasigen zu den steinigen und krystallinischen Lagern zu bezeichnen. BEUDANT's Schilderung[49] seines »perlite lithoide globulaire« hätte mit allen, selbst den allerunbedeutendsten Einzelnheiten für die kleinen braunen sphärulitischen Körnchen in den Gesteinen von Ascension niedergeschrieben sein können.

Wegen der in vielen Beziehungen so groszen Ähnlichkeit zwischen den Obsidian-Bildungen in Ungarn, Mexico, Peru und einigen der italienischen Inseln und der von Ascension, kann ich kaum noch daran zweifeln, dasz in allen diesen Fällen der Obsidian und die Sphäruliten ihre Entstehung einem concretionären Zusammenballen der Kieselsäure und einiger der andern constituirenden Elemente verdanken, welches eintrat, während die verflüssigte Masse mit einer gewissen geforderten Schnelligkeit abkühlte. Es ist indessen bekannt, dasz an einigen Orten Obsidian wie Lava in Strömen geflossen ist, so z. B. auf Teneriffa, auf den liparischen Inseln und auf Island[50]. In diesen Fällen sind die oberflächlichst gelegenen Theile die am vollkommensten verglasten, während in der Tiefe von einigen wenigen Fuszen der Obsidian in ein opakes Gestein übergeht. In einer Analyse eines Exemplars von Obsidian vom Hekla von VAUQUELIN, welches wahrscheinlich als Lava geflossen ist, war das Verhältnis der Kieselsäure nahezu dasselbe wie in dem knotigen und concretionären Obsidian von Mexico. Es wäre interessant zu ermitteln, ob die opaken inneren Partien und der oberflächliche glasige Überzug die nämlichen Mischungsverhältnisse der constituirenden Theile zeigten: wir wissen durch DUFRÉNOY[51], dasz die äuszern und innern Theile eines und des nämlichen Lavastroms zuweilen beträchtlich in ihrer Zusammensetzung von einander verschieden sind. Selbst wenn sich ergeben sollte, dasz der ganze Strom von Obsidian ähnlich zusammengesetzt wäre wie der knotige Obsidian, so würde es, in Übereinstimmung mit den vorstehenden Thatsachen doch nothwendig sein anzunehmen, dasz in diesen Fällen Lava zum Ausbruch gelangt wäre, deren Bestandtheile in denselben Verhältnissen gemischt waren, wie in dem concretionären Obsidian.

Blättrige Beschaffenheit vulcanischer Gesteine der Trachyt-Reihe.

Wir haben gesehn, dasz in verschiedenen und weit von einander entfernt liegenden Ländern die mit Lagern von Obsidian abwechselnden Schichten in hohem Grade blättrig sind. Auch die Obsidian-Knollen, sowohl grosze als kleine, sind in verschiedenen Farbenschattirungen gebändert; in Mr. STOKES' Sammlung habe ich ein Exemplar aus Mexico gesehn, dessen äuszere Fläche unter Bildung von Leisten und Furchen verwittert war[52], welche den Schichten verschiedener Verglasungsgrade entsprachen; überdies hat auch HUMBOLDT[53] auf dem Pik von Teneriffa einen Obsidianstrom gefunden, welcher durch sehr dünne, abwechselnde Schichten von Bimsstein getheilt war. Viele andere Lava-Arten aus der Feldspathreihe sind blättrig; so sind Massen von gewöhnlichem Trachyt auf Ascension durch feine erdige Linien getheilt, denen entlang das Gestein sich spaltet und dadurch dünne Schichten unbedeutend verschieden gefärbter Beschaffenheit von einander trennt; auch ist die gröszere Zahl der eingeschlossenen Krystalle glasigen Feldspaths längsweise in der nämlichen Richtung angeordnet. P. SCROPE[54] hat einen merkwürdigen säulenförmigen Trachyt von den Panza Inseln beschrieben, welcher in eine darüber liegende Masse von trachytischem Conglomerat injicirt worden zu sein scheint: er ist mit Bändern gestreift, welche, häufig äuszerst dünn, von verschiedener Textur und Farbe sind; die härteren und dunkleren Bänder scheinen eine gröszere Proportion von Kieselsäure zu enthalten. Auf einer andern Stelle der Insel finden sich Schichten von Perlstein und Pechstein, welche in vielen Beziehungen denen von Ascension ähnlich sind. Die Bänder in dem säulenförmigen Trachyt sind meistens gewunden; sie erstrecken sich über eine bedeutende Länge in senkrechter Richtung und augenscheinlich den Wandungen der gangartigen Masse parallel. VON BUCH[55] hat einen Strom von Lava auf Teneriffa beschrieben, welche unzählige dünne, plattenartige Krystalle von Feldspath enthält, die wie weisze Fäden einer hinter dem andern angeordnet sind und meist in derselben Richtung liegen: auch DOLOMIEU[56] gibt an, dasz die grauen Laven des neuen Kegels von Vulcano, welche ein glasiges Gefüge haben, mit parallelen weiszen Linien gestreift sind: er beschreibt ferner einen soliden Bimsstein, welcher eine spaltige Structur besitzt, ähnlich der gewisser glimmriger Schiefer. Auch Phonolith, welcher, wie ich bemerken will, häufig, wenn nicht immer, ein injicirtes Gestein ist, besitzt häufig eine spaltige Structur; dies ist meistens Folge der parallelen Lage der eingeschlossenen Feldspath-Krystalle; zuweilen aber, so auf Fernando Noronha, scheint es beinahe ganz unabhängig von deren Anwesenheit zu sein[57]. Aus diesen Thatsachen sehen wir, dasz verschiedene Gesteine der Feldspathreihe entweder eine blättrige oder eine spaltige Structur besitzen, und dasz eine solche sowohl in Massen vorkommt, welche in darüberliegende Schichten injicirt worden sind, als auch in andern, welche als Lavaströme geflossen sind.

Die auf Ascension mit dem Obsidian abwechselnden Blätter der Schichten fallen mit einem bedeutenden Winkel unter den Berg ein, an dessen Fusze sie liegen; und sie erscheinen nicht so, als wären sie durch Gewalt in ihre geneigte Stellung gebracht worden. Eine starke Neigung kommt diesen Schichten gemeinsam in Mexico, Peru und auf einigen der italienischen Inseln zu[58]; andererseits liegen in Ungarn die Schichten horizontal; auch die Blätter einiger der oben erwähnten Lavaströme scheinen, so weit ich die von denselben gegebenen Beschreibungen verstehen kann, stark geneigt oder ganz senkrecht zu sein. Ich zweifle daran, ob in irgend einem dieser Fälle die Blätter in ihre jetzige Stellung aufgestülpt worden sind; und in manchen Fällen, so bei dem von Mr. SCROPE beschriebenen Trachyt, ist es beinahe sicher, dasz sie sich ursprünglich schon mit einer starken Neigung gebildet haben. Bei vielen von diesen Fällen finden sich Beweise dafür, dasz die Masse des verflüssigten Gesteins sich in der Richtung der Blätter bewegt hat. Auf Ascension haben viele von den Luftblasen ein langausgezogenes Aussehn und werden in der Richtung der Blätter von groben halbverglasten Fasern durchsetzt; einige von den die sphärulitischen Körner trennenden Schichten haben ein verschlacktes Ansehn, als wenn sie durch Rösten der Körner hervorgebracht wären. Ich habe ein Exemplar von gebändertem Obsidian aus Mexico in Mr. STOKES' Sammlung gesehn, an dem die Oberfläche der am besten ausgeprägten Schichten mit parallelen Linien gestreift oder gefurcht war; und diese Linien oder Streifen waren ganz genau denen ähnlich, welche sich auf der Oberfläche einer Masse künstlichen Glasflusses dadurch gebildet hatten, dasz er aus einem Gefäsz ausgegossen worden war. Auch HUMBOLDT hat hinter Sphäruliten in blättrigen Obsidian-Gesteinen aus Mexico kleine Höhlungen und Mr. SCROPE andere Höhlungen hinter Bruchstücken, die in seinem blättrigen Trachyt eingeschlossen waren, beschrieben, von denen er annimmt, dasz sie während der Bewegung der Masse entstanden sind[59]. Nach solchen Thatsachen haben die meisten Schriftsteller die Blätterung dieser vulcanischen Gesteinsarten ihrer Bewegung im noch flüssigen Zustande zugeschrieben. Obgleich es leicht einzusehn ist, warum jede einzelne Luftblase oder jede Faser im Bimsstein[60] in der Richtung der sich bewegenden Masse ausgezogen ist, so liegt es doch durchaus nicht auf den ersten Blick klar vor, warum derartige Luftblasen und Fasern durch die Bewegung in denselben Ebenen in absolut geraden und einander parallel liegenden Blättern angeordnet werden, die auch häufig äuszerst dünn sind; und noch weniger in die Augen fallend ist es, warum derartige Schichten von unbedeutend verschiedener Zusammensetzung und von verschiedener Textur sind.

In Bezug auf den Versuch, die Ursache der blättrigen Beschaffenheit dieser plutonischen feldspathigen Gesteine aufzufinden, wollen wir zu den so ausführlich beschriebenen Thatsachen auf Ascension zurückkehren. Wir sehen dort, dasz einige der dünnsten Schichten hauptsächlich aus zahlreichen, äuszerst minutiösen, wennschon vollkommenen Krystallen verschiedener Mineralien gebildet werden, dasz andere Schichten durch die Verbindung verschiedener Arten concretionärer Knollen gebildet werden, und dasz die in dieser Weise gebildeten Schichten häufig nicht von den gewöhnlichen Feldspath- und Pechstein-Schichten unterschieden werden können, welche einen groszen Theil der ganzen Masse bilden. Die faserige, strahlenförmige Structur der Sphäruliten scheint, nach vielen analogen Fällen zu urtheilen, eine Verbindung der concretionären und krystallinischen Kräfte anzudeuten; auch die einzelnen Krystalle von Feldspath liegen sämmtlich in denselben parallelen Ebenen [61]. Diese verwandten Kräfte haben daher bei der Hervorbringung der blättrigen Beschaffenheit der Masse eine bedeutungsvolle Rolle gespielt, man kann sie aber nicht als die primäre Kraft betrachten; denn die verschiedenen Arten von Körnern, sowohl die kleinsten als die gröszten, sind innen in äuszerst feinen Farbenschattirungen, welche der Blätterung des Ganzen parallel ziehn, gebändert; und viele derselben sind auch äuszerlich in derselben Richtung mit parallelen Leisten und Furchen gezeichnet, welche nicht durch das Verwittern entstanden sind.

Einige von den feinsten Farbenstreifen in den steinigen, mit dem Obsidian abwechselnden Schichten sind, wie man ganz deutlich sehen kann, Folge einer beginnenden Krystallisation der sie zusammensetzenden Mineralien. Die Ausdehnung, bis zu welcher die Mineralien krystallisirt sind, steht, wie gleichfalls deutlich zu sehen ist, mit der bedeutenderen oder geringeren Grösze und mit der Anzahl der minutiösen, abgeplatteten, crenelirten Luftbläschen oder Spalten im Zusammenhang. Zahlreiche Thatsachen, wie bei den Geoden und den Hohlräumen in verkieseltem Holz, in primären Gesteinen und in Adern, zeigen, dasz die Krystallisation durch die räumlichen Verhältnisse sehr begünstigt wird. Ich komme daher zu dem Schlusse, dasz, wenn in einer Masse sich abkühlenden vulcanischen Gesteins irgend eine Ursache eine Anzahl minutiöser Spalten oder Zonen von geringerer Spannung erzeugt (welche wegen der eingeschlossenen Dämpfe häufig zu zackigen Lufträumen ausgedehnt werden), die Krystallisation der constituirenden Bestandtheile und wahrscheinlich die Bildung von Concretionen in derartigen Ebenen herbeigeführt oder bedeutend begünstigt werden wird; und es wird in dieser Weise eine blättrige Structur der hier besprochenen Art hervorgerufen werden.

Dasz irgend eine Ursache parallele Zonen von geringerer Spannung in vulcanischen Gesteinen während deren Erstarrung wirklich erzeugt, müssen wir für die Fälle annehmen, wo sich dünne abwechselnde Schichten bilden, wie es bei Obsidian und Bimsstein HUMBOLDT beschrieben hat, und wo sich kleine, abgeplattete, crenelirte Luftblasen in den blättrigen Gesteinen von Ascension finden; denn unter keiner andern Voraussetzung können wir einsehen, warum die eingeschlossenen Dämpfe durch ihre Ausdehnung Luftblasen und Fasern in getrennten parallelen Ebenen anstatt unregelmäszig durch die ganze Masse zerstreut bilden sollten. In Mr. STOKES' Sammlung habe ich ein sehr schönes Beispiel dieser Structur an einem Exemplar von Obsidian aus Mexico gesehn, welches wie der schönste Achat mit zahlreichen, geraden parallelen, mehr oder weniger opaken und weiszen oder vollkommen glasigen Schichten schattirt und gebändert ist: der Grad der Opacität und Verglasung hängt von der Anzahl der mikroskopisch kleinen, abgeplatteten Luftblasen ab; in diesem Falle läszt sich kaum daran zweifeln, dasz die ganze

Masse, zu der dieses Fragment gehört hat, irgend einer, wahrscheinlicherweise fortgesetzten Einwirkung unterlegen ist, welche eine unbedeutende Verschiedenheit der Spannung in den aufeinander folgenden Ebenen verursachte.

Verschiedene Ursachen scheinen im Stande zu sein, Zonen verschiedener Spannung in durch Hitze halbflüssig gewordenen Massen hervorzubringen. In einem Stücke entglasten Glases habe ich Schichten von Sphäruliten beobachtet, welche nach der Art und Weise, in welcher sie plötzlich gebogen waren, durch die einfache Zusammenziehung der Masse in dem Gefäsze, in welchem es abkühlte, hervorgebracht worden zu sein scheinen. Bei gewissen Trappgängen am Aetna, welche ÉLIE DE BEAUMONT[62] beschrieben hat und welche danach von abwechselnden Streifen schlackigen und compacten Gesteins begrenzt sind, wird man auf die Vermuthung geführt, dasz die Bewegung des Ausstreckens in den umgebenden Schichten, welche ursprünglich die Spalten hervorgerufen hatte, noch fortdauerte, so lange die injicirte Gesteinsmasse flüssig blieb. Durch Professor FORBES'[63] klare Beschreibung der gebänderten Structur des Gletscher-Eises geleitet, scheint indessen die bei weitem wahrscheinlichste Erklärung der blättrigen Structur dieser feldspathigen Gesteinsarten diejenige zu sein, dasz sie gestreckt worden sind, so lange sie noch in einem teigigen Zustande langsam hinfloszen[64], in genau derselben Art und Weise, wie Professor FORBES annimmt, dasz das Eis sich bewegender Gletscher gestreckt und gespalten wird. In beiden Fällen können die Bänder mit denen im schönsten Achate verglichen werden; in beiden dehnen sie sich in der Richtung aus, in welcher die Masse geflossen ist und die an der Oberfläche exponirten sind meistens senkrecht; im Eise werden die porösen Lamellen durch das nachfolgende Gefrieren des infiltrirten Wassers deutlich gemacht, in den steinigen feldspathigen Laven durch später eintretende krystallinische und concretionäre Einwirkung. Das Fragment von glasigem Obsidian in Mr. STOKES' Sammlung, welches mit minutiösen Luftblasen gebändert ist, musz, nach Professor FORBES' Beschreibung zu urtheilen, in auffallendem Grade einem Stück gebänderten

Eises ähnlich sein; und wenn die Schnelligkeit seiner Abkühlung und die Beschaffenheit der Masse deren Krystallisation oder concretionären Wirkung günstig gewesen wäre, so würden wir auch hier die schönsten parallelen Bänder von verschiedener Zusammensetzung und Textur finden. Bei Gletschern scheinen die Linien porösen Eises und minutiöser Spalten Folgen eines beginnenden Streckens zu sein, welches dadurch verursacht wird, dasz die central gelegenen Theile des gefrornen Stromes sich schneller bewegen als die Seiten und der Grund, welche durch Reibung aufgehalten werden: es werden daher bei Gletschern von gewissen Formen und am untern Ende der meisten Gletscher die Bänder horizontal. Dürfen wir anzunehmen wagen, dasz wir in den feldspathigen Laven mit horizontalen Blättern einen analogen Fall vor uns haben? Alle Geologen, welche trachytische Gegenden untersucht haben, sind zu dem Schlusse gekommen, dasz die Laven dieser Reihe eine äuszerst unvollkommene Flüssigkeit besessen haben; und da offenbar nur Substanz von derartiger Beschaffenheit dem ausgesetzt sein wird, gespalten zu werden und Bänder verschiedener Spannung in der hier angenommenen Art und Weise zu bilden, so sehn wir wahrscheinlich hierin die Ursache, warum augitische Laven, welche allem Anscheine nach meistens einen hohen Grad von Leichtflüssigkeit besessen haben, nicht[65] wie die feldspathigen Laven in Blätter verschiedener Zusammensetzung und Textur gespalten sind. Überdies scheint in der Reihe der Augitgesteine niemals irgend eine Neigung zu concretionärer Wirkung vorhanden zu sein, welche, wie wir gesehen haben, bei dem Blättrigwerden der Gesteine der Trachyt-Reihe oder mindestens beim Hervortretenlassen dieser Bildungsweise eine so bedeutungsvolle Rolle spielt.

Was man nun auch immer von der hier vorgebrachten Erklärung der blättrigen Structur der Gesteine der Trachyt-Reihe denken mag, so erlaube ich mir nur, die Aufmerksamkeit der Geologen auf die einfache Thatsache zu lenken, dasz in der Masse eines Gesteines auf Ascension von unzweifelhaft vulcanischem Ursprung Schichten, oft von äuszerster Dünne erzeugt worden sind, welche völlig gerade und einander parallel sind; – einige sind aus deutlichen

Krystallen von Quarz und Diopsid, mit amorphen augitischen Flecken und körnigem Feldspath untermischt, zusammengesetzt, – andere bestehn ganz und gar aus derartigen schwarzen augitischen Flecken mit Körnchen von Eisenoxyd –, und endlich noch andere werden aus krystallinischem Feldspath in einem Zustande mehr oder weniger vollkommener Reinheit, in Verbindung mit zahlreichen, längsweise angeordneten Krystallen von Feldspath gebildet. Auf dieser Insel haben wir Ursache anzunehmen und bei einigen analogen Fällen ist es als sicher bekannt, dasz die Lamellen sich schon ursprünglich mit ihrer jetzigen starken Neigung gebildet haben. Thatsachen von solcher Beschaffenheit sind ganz offenbar in Bezug auf den Ursprung der Structur jener groszen Reihe plutonischer Gesteine von Bedeutung, welche wie die vulcanischen der Einwirkung der Wärme unterworfen gewesen sind und welche aus abwechselnden Schichten von Quarz, Feldspath, Glimmer und anderen Mineralien bestehn.

[14] Geographical Journal, Vol. V. p. 243.

[15] L e s s o n hat diese Thatsache beobachtet: Zoologie du Voyage de la Coquille, p. 490. Mr. H e n n a h bemerkt ferner (Geolog. Proceedings, 1835. p. 189), dasz die ausgedehntesten Aschenschichten auf Ascension ausnahmslos auf der Seite der Insel unter dem Winde vorkommen.

[16] N i c h o l's Architecture of the Heavens.

[17] Voyage aux Quatre îles d'Afrique, Tom. I. p. 222.

[18] Voyage en Hongrie, Tom. II. p. 214.

[19] Manche Stücke dieses Peperino oder Tuffs sind hinreichend hart, um mit der gröszten Kraft von den Fingern nicht zerbrochen werden zu können.

[20] Auf der nördlichen Seite des Grünen Bergs zieht sich ein dünnes, ungefähr einen Zoll dickes Band von compactem Eisenoxyd in beträchtlicher Ausdehnung hin; es hat eine concordante Lagerung im untern Theile der geschichteten Masse von Asche und Bruchstücken. Diese Substanz ist von röthlich brauner Farbe mit einem beinahe metallischen Glanze; sie ist nicht magnetisch, wird es aber nach Erhitzung vor dem Löthrohre, wo sie geschwärzt und zum Theil geschmolzen wird. Dieses Band compacten Gesteins gibt dadurch, dasz es das wenige auf der Insel fallende Regenwasser aufhält, einer kleinen tröpfelnden Quelle Entstehung, welche zuerst von D a m p i e r entdeckt wurde. Sie ist das einzige Süszwasser auf der Insel, so dasz die Möglichkeit ihres Bewohntseins gänzlich von dem Vorkommen dieser eisenhaltigen Schicht abgehangen hat.

[21] Professor M i l l e r ist so freundlich gewesen, dies Mineral zu untersuchen. Er erhielt zwei gute Spaltflächen von 86° 30' und 86° 50'. Das Mittel aus mehreren, welche ich erhielt, war 86° 30'. Prof. M i l l e r gibt an, dasz diese Krystalle zu einem feinen Pulver zerstoszen in Salzsäure löslich sind und etwas ungelöste Kieselsäure zurücklassen; der Zusatz von oxalsaurem Ammoniak gibt einen copiösen Niederschlag von Kalk. Er bemerkt ferner, dasz der Angabe v o n K o b e l l s zufolge Anorthit (ein in den ausgeworfenen Massen von Monte Somma vorkommendes Mineral) immer weisz und durchsichtig ist, so dasz, wenn dies der Fall ist, diese Krystalle von Ascension für Labrador-Feldspath gehalten werden müssen. Prof. M i l l e r fügt hinzu, dasz er in E r d m a n n's Journal für technische Chemie die Schilderung eines von einem Vulcane ausgeworfenen Minerals gelesen habe, welches die äuszern Charactere des Labrador-Feldspaths besasz, aber von der, von Mineralogen gegebenen Analyse dieses Minerals abwich; der Verfasser schrieb diese Verschiedenheit einem Irrthum in der Analyse des Labrador-Feldspaths zu, welche sehr alt ist.

[22] D a u b e n y bemerkt in seinem Buche über Vulcane (p. 386), dasz dies der Fall ist; und H u m b o l d t sagt (Personal Narrative, Vol. I, p. 236): »Im Allgemeinen sind die Massen bekannter primitiver Gesteine, ich meine diejenigen, welche vollkommen unsern Graniten, Gneisz und Glimmerschiefer ähnlich sind, in Laven sehr selten: die Substanzen, welche wir allgemein mit dem Namen Granit bezeichnen, welche vom Vesuv ausgeworfen werden, sind Gemische von Nephelin, Glimmer und Pyroxen.«

[23] Dieser Raum wird nahezu von einer Linie umschlossen, welche um den Grünen Berg herumgeht und die Berge mit einander verbindet, welche Weather Port Signal, Holyhead heiszen und von denen der eine »der Crater eines alten Vulcans« (im geologischen Sinne uneigentlich) genannt wird.

[24] Der Porphyr ist dunkel gefärbt; er enthält zahlreiche, häufig zerbrochene Krystalle weiszen opaken Feldspaths, auch zerfallende Krystalle von Eisenoxyd; seine Blasen schlieszen Massen von zarten haarähnlichen Krystallen, augenscheinlich von Analcim ein.

[25] D ' A u b u i s s o n, Traité de Geognosie, Tom. II. p. 548.

[26] D a u b e n y (on Volcanos, p. 180) scheint zu der Annahme geführt worden zu sein, dasz gewisse trachytische Formationen von Ischia und Puy de Dôme, welche denen von Ascension in hohem Grade ähnlich sind, sedimentären Ursprungs seien, und zwar hauptsächlich wegen der häufigen Anwesenheit »von schlackenartigen Stücken in ihnen, die in der Farbe von der Grundsubstanz abweichen.« D a u b e n y fügt andererseits hinzu, dasz B r o c c h i und andere bedeutende Geologen diese Schichten für erdige Varietäten von Trachyt angesehen haben; er hält den Gegenstand für weiterer Beachtung werth.

[27] B e u d a n t (Voyage en Hongrie, Tom. III. p. 502, 504) beschreibt nierenförmige Massen von Jaspis-Opal, welche entweder in das umgebende trachytische Conglomerat übergehn oder wie Kreide-Feuersteine in ihm eingeschlossen sind; er vergleicht sie mit den Stücken opalisirten Holzes, welche in dieser Formation so häufig

sind. B e u d a n t scheint indesz ihren Bildungsprocesz eher für einen
Procesz einfacher Infiltration als für eine moleculare Umwandlung
angesehen zu haben; es scheint mir aber das Vorhandensein von
Concretionen, die von der umgebenden Substanz gänzlich
verschieden sind, wenn sie nicht in einer vorher bestehenden
Höhlung gebildet wurden, entweder eine moleculare oder eine
mechanische Umlagerung der Atome zu erfordern, welche den später
von ihnen eingenommenen Raum erfüllten. Der Jaspis-Opal von
Ungarn geht in Chalcedon über; es scheint daher in diesem Falle, wie
bei Ascension, der Jaspis seinem Ursprunge nach in inniger
Beziehung zum Chalcedon zu stehn.

[28] B e u d a n t (Voyage Minér. Tom. III. p. 507) zählt Fälle des
Vorkommens auf aus Ungarn, Deutschland, dem mittleren Frankreich,
Italien, Griechenland und Mexiko.

[29] Die Eier der Schildkröte, welche von dem Weibchen
begraben werden, werden zuweilen in das solide Gestein
eingeschlossen. L y e l l hat (Principles of Geology, Buch III, Cap. 17)
eine Abbildung einiger Eier gegeben, welche, schon die Knochen
junger Schildkröten enthaltend, in dieser Weise eingeschlossen
gefunden wurden.

[30] Researches in theoretical Geology, p. 12.

94

[31] Der Selenit ist, wie ich bemerkt habe, den Gesteinen fremd und musz aus dem Meerwasser herrühren. Es ist ein interessanter Umstand, in dieser Weise zu finden, dasz die hinreichend schwefelsauren Kalk enthaltenden Wellen des Oceans ihn auf die Felsen ablegen, gegen welche sie in der Gezeit anschlagen. Dr. W e b s t e r hat (Voyage of the Chanticleer, Vol. II. p. 319) Schichten von Gyps und Salz beschrieben, welche bis zu zwei Fusz an Mächtigkeit durch Verdampfung des Flugwassers auf den Felsen an der dem Winde zugekehrten Küste zurückbleiben. Wundervolle Selenit-Stalactiten, welche in der Form denen von kohlensaurem Kalk ähnlich sind, bilden sich in der Nähe dieser Küsten. Auch amorphe Massen von Gyps kommen in Höhlen im Innern der Insel vor; und auf Cross Hill (einem alten Crater) sah ich eine beträchtliche Menge von Salz aus einem Schlackenhaufen vorquellen. In diesen letzten Fällen scheinen das Salz und der Gyps vulcanische Producte zu sein.

[32] Nach der in meiner Reise (Übers. p. 14) beschriebenen Thatsache, dasz ein von einem Bache abgesetzter Überzug von Eisenoxyd (wie ein sehr ähnlicher Überzug an den groszen Cataracten des Orinocco und Nils) fein polirt wird, wo die Brandung einwirkt, vermuthe ich, dasz auch in diesem Falle die Brandung polirend wirkt.

[33] In dem der Beschreibung von St. Paul's Felsen gewidmeten Abschnitt habe ich eine glänzende, perlige Substanz, welche die Felsen überzieht, und eine verwandte stalactitenartige Incrustation von Ascension beschrieben, deren Rinde dem Schmelz der Zähne ähnlich ist, aber hart genug ist, Tafelglas zu ritzen. Diese beiden Substanzen enthalten animale Substanz und scheinen von Wasser abgesetzt worden zu sein, welches durch Vögelexcremente gesickert ist.

[34] Mr. H o r n e r und Sir D a v i d   B r e w s t e r haben (Philosoph. Transactions, 1836, p. 65) eine eigenthümliche, »künstliche, Muscheln ähnliche Substanz« beschrieben. Sie wird in feinen, durchsichtigen, bedeutend polirten, braun gefärbten Blättern, welche eigenthümliche optische Eigenschaften haben, auf der Innenseite eines Gefäszes abgesetzt, in welchem zuerst mit Leim und dann mit Kalk präparirtes Zeug rapid in Wasser in Umdrehung versetzt wird. Sie ist viel weicher, durchscheinender und reicher an animaler Substanz als die natürliche Incrustation von Ascension; wir sehn aber doch hier wiederum die starke Neigung, welche kohlensaurer Kalk und animale Substanz darbieten, eine feste, mit Schalensubstanz verwandte Substanz zu bilden.

[35] Dieser Ausdruck kann leicht miszverstanden werden, da er sowohl auf Gesteine, welche in Blätter von genau derselben Zusammensetzung getheilt sind, als auch auf fest aneinander geheftete Schichten ohne Neigung zur Spaltbarkeit, aber aus verschiedenen Mineralien bestehend oder von verschiedenen Farbenschattirungen, angewendet werden kann. Der Ausdruck blättrig wird in diesem Capitel in dem letztern Sinne gebraucht; wo ein homogenes Gestein wie in dem erstgenannten Sinne in einer gegebenen Richtung spaltet, wie Thonschiefer, habe ich den Ausdruck spaltbar gebraucht.

[36] Professor M i l l e r theilt mir mit, dasz die von ihm

gemessenen Krystalle die Flächen *P, z, m* der Figur 147 hatten, welche H a i d i n g e r in seiner Übersetzung von M o h s gibt; er fügt hinzu, es sei merkwürdig, dasz keiner auch nur die unbedeutendste Spur der Fläche *r* des regelmäszigen sechsseitigen Prismas hatte.

[37] Geological Transactions, Vol. III. P. I. p. 37.

[38] Die vorstehenden Analysen sind aus B e u d a n t, Traité de Minéralogie, Tom. II. p. 113, und eine Analyse des Obsidians aus P h i l i p p s ' s Mineralogie entnommen.

[39] Diese Analysen sind aus K o b e l l ' s Grundzügen der Mineralogie, 1838, entnommen.

[40] Traité de Géognosie, Tom. II. p. 535.

[41] Dies ist bei der Fabrication des gewöhnlichen Glases und bei G r e g o r y W a t t ' s Experimenten an geschmolzenem Trapp zu beobachten; ebenso auch an der natürlichen Oberfläche von Lavaströmen und an den Seitenwänden von Trappgängen.

[42] Ich weisz nicht, ob es allgemein bekannt ist, dasz Körper, welche genau dasselbe Aussehn wie Sphäruliten haben, zuweilen im Achat vorkommen. R o b e r t B r o w n zeigte mir an einem innerhalb einer Höhlung in einem Stücke verkieselten Holzes gebildeten Achate einige kleine Flecke, welche für das blosze Auge gerade eben sichtbar waren: als er diese Flecke unter eine stark vergröszernde Lupe brachte, boten sie ein wunderschönes Ansehn dar: sie waren vollkommen kreisrund und bestanden aus den feinsten Fasern von brauner Färbung, welche mit groszer Genauigkeit von einem gemeinsamen Mittelpunkte ausstrahlten. Diese kleinen strahlenförmigen Sterne wurden gelegentlich von bandartigen Farbenzonen im Achat durchschnitten oder es wurden Stücke von ihnen völlig abgeschnitten. In dem Obsidian von Ascension liegen die beiden Hälften eines Sphärulits häufig in verschiedenen Farbenzonen, sie werden aber nicht von solchen abgeschnitten, wie im Achat.

[43] Journal de Physique, Tom. 59, (1804), p. 10, 12.

[44] Journal de Physique, Tom. 60, (1805), p. 418.

[45] Voyage en Hongrie, Tom. I. p. 330; Tom. II. p. 221 u. 315; Tom. III. p. 369, 371, 377, 381.

[46] Essai géognostique, p. 176, 326, 328.

[47] P . S c r o p e, in: Geological Transactions, 2. Ser., 2. Vol. p. 195. Vergl. auch D o l o m i e u, Voyage aux isles Lipari, und D ' A u b u i s s o n, Traité de Géognosie, Tom. II. p. 534.

[48] In Mr. S t o k e s' schöner Sammlung von Obsidianen aus Mexico bemerke ich, dasz die Sphäruliten meistens viel gröszer sind als die von Ascension; sie sind meistens weisz, opak und in deutliche Lagen verbunden: es finden sich viele eigenthümliche, von allen auf Ascension vorkommenden verschiedene Varietäten. Die Obsidiane sind schön gebändert, in vollkommen geraden oder gekrümmten Linien, mit äuszerst unbedeutenden Verschiedenheiten des Farbentons, der Zelligkeit und des mehr oder minder vollkommenen

Grades der Verglasung. Verfolgt man einige der weniger vollkommen glasigen Zonen, so sieht man, dasz sie dicht mit äuszerst kleinen weiszen Sphäruliten besetzt sind, welche immer zahlreicher und zahlreicher werden, bis sie sich zuletzt vereinen und eine deutliche Schicht bilden; andererseits verbinden sich auf Ascension nur die braunen Sphäruliten zur Bildung von Lagen; die weiszen sind immer unregelmäszig zerstreut. Einige Handstücke in der Sammlung der Geologischen Gesellschaft, welche einer Obsidian-Formation in Mexico angehören sollen, haben einen erdigen Bruch und werden durch Flecke eines schwarzen Minerals in die feinsten parallelen Blätter getheilt, ähnlich den Augit- oder Hornblende-Flecken in den Gesteinen von Ascension.

[49] Beudant's Voyage, Tom. III. p. 373.

[50] Wegen Teneriffa s. von Buch, Description des îles Canaries, p. 184 und 190; wegen der liparischen Inseln s. Dolomieu. Voyage, p. 34; wegen Island s. Mackenzie's Travels, p. 369.

[51] Mémoires pour servir à une déscription géologique de la France, Tom. IV. p. 371.

[52] Mac Culloch gibt an (Classification of Rocks, p. 531), dasz die exponirten Flächen der Pechsteingänge in Arran »in wellenförmig verlaufenden Linien gefurcht sind, welche gewissen Arten marmorirten Papiers ähnlich sind, und welche offenbar das Resultat irgend einer entsprechenden Verschiedenheit der blättrigen Structur sind.«

[53] Personal Narrative, Vol. I. p. 222.

[54] Geological Transactions, 2. Ser., Vol. II. p. 195.

[55] Description des îles Canaries, p. 184.

[56] Voyage aux îles de Lipari, p. 35 und 85.

[57] In diesem Falle, wie in dem des spaltigen Bimssteins ist die Structur von der in den vorher erwähnten Fällen sehr verschieden, wo die Blätter aus abwechselnden Schichten verschiedener Zusammensetzung oder Textur bestehn. Bei einigen Sedimentärformationen indessen, welche allem Anscheine nach homogen und spaltbar sind, wie bei glasigem Thonschiefer, haben wir Grund zur Annahme, dasz, der Angabe D'Aubuisson's zufolge, die Blätter wirklich die Folge äuszerst dünner abwechselnder Glimmerschichten sind.

[58] Phillip's Mineralogy, in Bezug auf die italienischen Inseln, p. 136. Wegen Mexico und Peru s. Humboldt, Essai géognostique. Auch Mr. Edwards beschreibt die starke Neigung der Obsidiangesteine des Cerro del Navaja in Mexico, in: Proceed. Geolog. Soc. June, 1838.

[59] Geological Transactions, 2. Ser., Vol. II. p. 200 u. flgde. Diese eingeschlossenen Bruchstücke bestehn in manchen Fällen aus abgebrochenem blättrigem Trachyt, »welcher von den noch flüssig gebliebenen Theilen eingehüllt wurde.« Auch Beudant erwähnt in seinem groszen Werke über Ungarn (Tom. III p. 386) häufig

trachytische Gesteine, welche unregelmäszig mit Fragmenten derselben Varietäten gefleckt sind, die an andern Stellen die parallelen Bänder bilden. In diesen Fällen müssen wir annehmen, dasz, nachdem ein Theil der geschmolzenen Masse eine blättrige Structur angenommen hat, ein frischer Ausbruch von Lava die Masse zerbrach und Bruchstücke einschlosz, und dasz später das Ganze blättrig wurde.

[60] D o l o m i e u' s Voyage, p. 64.

[61] Es setzt allerdings die Bildung eines groszen Krystalls irgend eines Minerals in einem Gestein von gemischter Zusammensetzung eine Aggregation der erforderlichen Atome voraus, welche mit der Concretionskraft verwandt ist. Die Ursache davon, dasz die Feldspathkrystalle in diesen Gesteinen von Ascension sämmtlich längsweise gestellt sind, ist wahrscheinlich die nämliche wie die, welche alle die braunen sphärulitischen Körnchen (welche sich vor dem Löthrohre wie Feldspath verhalten) in der nämlichen Richtung verlängert und abgeplattet hat.

[62] Mémoires pour servir etc. T. IV. p. 131.

[63] Edinburgh New Philos. Journal, 1842, p. 350.

[64] Ich vermuthe, dasz dies nahezu dieselbe Erklärung ist, welche S c r o p e im Sinne gehabt hat, wenn er (Geolog. Transactions, 2. Ser. Vol. II. p. 228) von der gebänderten Structur seiner trachytischen Gesteine in der Weise spricht, dasz sie entstanden sei »in Folge einer linearen Ausdehnung der Masse, so lange sie sich noch im Zustande unvollkommener Flüssigkeit befunden habe, in Verbindung mit einem concretionären Procesz.«

[65] Basaltische Laven und viele andere Gesteine sind nicht selten in dicke Lamellen oder Platten von der nämlichen Zusammensetzung getheilt, welche entweder gerade oder gekrümmt sind; dieselben werden durch senkrechte Spaltungslinien durchsetzt und werden zuweilen zu Säulen verbunden. Ihrem Ursprunge nach scheint diese Structur mit derjenigen verwandt zu sein, bei welcher viele Gesteine, sowohl feurigen als sedimentären Ursprungs, von parallelen Spaltensystemen durchsetzt sind.

Viertes Capitel.

St. Helena.

Laven der feldspathigen, basaltischen und submarinen Reihe. – Durchschnitt des Flagstaff-Hill und des Barn. – Turk's Cap und Prosperous Bay. – Basaltischer Ring. – Centraler craterförmiger Rücken, mit einer innern Leiste und einer Brustwehr. – Phonolith-Kegel. – Oberflächliche Schichten von kalkigem Sandstein. – Ausgestorbene Landschnecken. – Schichten von Detritus. – Erhebung des Landes. – Denudation. – Erhebungscratere.

Die ganze Insel ist vulcanischen Ursprungs; ihr Umfang beträgt nach der Angabe BEATSON's[66] ungefähr 28 Meilen. Der centrale und gröszte Theil besteht aus Gesteinen einer feldspathigen Beschaffenheit, meistentheils in einem ganz auszerordentlichen Grade zersetzt; sie bieten in diesem Zustande eine eigenthümliche Sammlung von abwechselnden rothen, purpurnen, braunen, gelben und weiszen, weichen, thonartigen Schichten dar. Wegen der Kürze unsres Besuchs habe ich diese Schichten nicht mit Sorgfalt untersucht; einige derselben, besonders diejenigen der weiszen, gelben und braunen Schattirungen, bestanden ursprünglich als Lavaströme, die gröszere Zahl derselben wurde aber wahrscheinlich in der Form von Schlacken und Aschen ausgeworfen; andere Schichten von einer purpurnen Färbung, porphyrartig mit krystallförmigen Flecken einer weiszen weichen Substanz, welche jetzt fettig sind und wie Wachs beim Druck mit dem Nagel einen polirten Strich darbieten, scheinen einmal als solide Thonstein-Porphyre bestanden zu haben: die rothen, thonigen Schichten haben meistens eine breccienartige Structur und sind ohne Zweifel durch Zerfall von Schlacken gebildet worden. Indessen behalten mehrere ausgedehnte, zu dieser Reihe gehörende Ströme ihren steinigen Character: dieselben sind entweder von einer schwärzlich-grünen Farbe, mit minutiösen nadelförmigen Krystallen von Feldspath, oder von einer sehr blassen Färbung und beinahe ganz aus minutiösen, häufig schuppenartigen Krystallen von Feldspath, auszerordentlich reich mit mikroskopischen schwarzen Flecken bedeckt, zusammengesetzt; sie sind meistens compact und in Blätter getheilt; indessen sind andere von ähnlicher Zusammensetzung zellig und etwas zerfallen. Keines dieser Gesteine enthält grosze Feldspath-Krystalle, oder hat den harten, dem Trachyt eigenen Bruch. Diese feldspathigen Laven und Tuffe sind die obersten oder die zuletzt ausgeworfenen; doch sind unzählige Gänge und grosze Massen geschmolzenen Gesteins später in dieselben injicirt worden. Sie convergiren, wie sie aufsteigen, nach dem centralen, gebogenen Rücken zu, an welchem ein Punkt die Höhe von 2700 Fusz erreicht. Dieser Rücken ist das höchste Land auf der Insel; er bildete früher den nördlichen Rand eines groszen Craters, aus welchem die Laven dieser Reihe floszen; wegen seines ruinösen Zustandes, wegen des Umstandes, dasz die südliche Hälfte entfernt worden ist, und wegen der gewaltsamen Verwerfung, welcher die ganze Insel ausgesetzt gewesen ist, ist sein Bau sehr undeutlich geworden.

Basaltische Reihe – Der Rand der Insel wird von einem unregelmäszigen Kreise groszer, schwarzer, stratificirter Wälle von Basalt gebildet, welcher nach der See hin einfällt und zu Klippen ausgenagt worden ist, die häufig nahezu senkrecht sind und in ihrer Höhe von einigen wenigen hundert Fusz bis zu zwei tausend schwanken. Dieser Kreis oder vielmehr hufeisenförmige Ring ist nach Süden hin offen und noch durch mehrere andere weite Zwischenräume durchbrochen. Sein Rand oder Gipfel springt meistens wenig über das Niveau des anstoszenden landeinwärts gelegenen Landes vor; und die neueren feldspathigen Laven, welche von den im Mittelpunkte der Insel gelegenen Höhen herabsteigen, stoszen meistens gegen seinen innern Rand an und überlagern ihn; indessen scheinen sie an der nordwestlichen Seite der Insel (nach einem Blick von der Entfernung aus zu urtheilen) über denselben weggeflossen zu sein und Theile davon verdeckt zu haben. An einigen Stellen, da wo der basaltische Ring durchbrochen ist und die schwarzen Wälle einzeln stehn, sind die feldspathigen Laven zwischen ihnen hindurchgegangen und stehn nun an der Meeresküste in hohen Uferklippen. Die basaltischen Gesteine sind von schwarzer Farbe und dünn stratificirt; sie sind meistens in hohem Grade blasig, gelegentlich aber compact; einige derselben enthalten zahlreiche Krystalle glasigen Feldspaths und Octaëder von titanhaltigem Eisen; andere sind auszerordentlich reich an Krystallen von Augit und an Olivinkörnern. Die blasigen Zellräume sind häufig mit äuszerst kleinen Krystallen (von Chabasit?) ausgekleidet und werden selbst durch solche amygdaloid. Die einzelnen Ströme sind von einander durch aschige Massen oder durch einen hellrothen, zerreiblichen, salzführenden Tuff getrennt, welcher durch übereinanderliegende Linien gezeichnet ist, wie sie bei Niederschlägen aus Wasser vorkommen; zuweilen hat er einen undeutlich concretionären Bau. Die Gesteine dieser basaltischen Reihe kommen sonst nirgends vor auszer in der Nähe der Küste. In den meisten vulcanischen Districten sind die trachytischen Laven von früherem Ursprung als die basaltischen; hier sehn wir aber, dass ein sehr mächtiges, in seiner Zusammensetzung der Familie der Trachyte sehr ähnliches Gestein in einer späteren Zeit zur Eruption gelangt ist als die basaltischen Schichten; indessen weist die grosze Zahl von Gängen, die auszerordentlich reich an groszen Augitkrystallen sind, und mit welchem die feldspathigen Laven erfüllt worden sind, vielleicht auf eine gewisse Neigung hin, zu der gewöhnlicheren Ordnung der Übereinanderlagerung zurückzukehren.

Basale submarine Laven. – Die Laven dieser basalen Reihe liegen unmittelbar sowohl unter den basaltischen als auch unter den feldspathigen Gesteinen. Der Angabe Mr. SEALE's[67] zufolge sind sie in gewissen Absätzen am Meeresstrande rings um die ganze Insel herum zu sehen. An den Durchschnitten, welche ich untersucht habe, variirte ihre Beschaffenheit bedeutend; einige der Schichten waren auszerordentlich reich an Augitkrystallen; andere sind von einer braunen Farbe, entweder lamellös oder in einem geschiebeartigen Zustande; und viele Stellen sind durch kalkige Substanz in hohem Grade amygdaloid geworden. Die aufeinander folgenden Schichten sind entweder dicht mit einander verbunden oder durch Lager von schlackigem Gesteine oder von blättrigem Tuff, der häufig gut abgerundete Bruchstücke enthält, von einander getrennt. Die Zwischenräume dieser Lager sind mit Gyps und Salz erfüllt; auch der Gyps kommt zuweilen in dünnen Schichten vor. Wegen der groszen Menge dieser beiden Substanzen, wegen der Anwesenheit abgerundeter Rollsteine in den Tuffen und wegen der auszerordentlich zahlreichen Amygdaloide kann ich nicht daran zweifeln, dasz diese basalen vulcanischen Schichten unter dem Meere geflossen sind. Diese Bemerkung sollte vielleicht auch auf einen Theil der darüberliegenden basaltischen Gesteine ausgedehnt werden; ich bin aber nicht im Stande gewesen, über diesen Punkt gültige Aufklärung zu erhalten. Die Schichten der basalen Reihe wurden, wo ich sie auch immer untersuchte, von einer auszerordentlichen Zahl von Gängen durchschnitten.

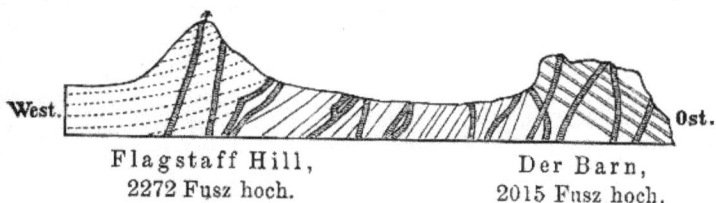

West.   Ost.

Flagstaff Hill,
2272 Fusz hoch.
              Der Barn,
              2015 Fusz hoch.

Fig. 8. Die doppelten Linien stellen die basaltischen Schichten, die einfachen die basalen submarinen Schichten dar, die punktirten die oberen feldspathigen Schichten, die Gänge sind quer schraffirt.

Flagstaff Hill und der Barn. – Ich will nun einige der bemerkenswerthesten Durchschnitte beschreiben und will mit jenen beiden Bergen anfangen, welche den hauptsächlichsten Zug in der äuszern Erscheinung an der nordöstlichen Seite der Insel bilden. Der viereckige, winklige Umrisz und die schwarze Färbung des Barn weist sofort darauf hin, dasz er zu der basaltischen Reihe gehört, während die glatte, conische Form und die verschiedenartigen hellen Färbungen des Flagstaff Hill es in gleicher Weise deutlich erkennen lassen, dasz er aus den erweichten feldspathigen Gesteinsarten zusammengesetzt ist. Diese beiden hohen Berge stehn (wie es in dem beistehenden Holzschnitt, Fig. 8, dargestellt ist) durch einen schmalen Rücken mit einander in Verbindung, welcher aus den geschiebeartigen Laven der basalen Reihe gebildet wird.

Die Schichten dieses Rückens fallen nach Westen ein, die Neigung wird dabei nach dem Flagstaff Hill hin allmählich geringer; auch kann man, wenn schon mit einiger Schwierigkeit, sehn, dasz die oberen feldspathigen Schichten dieses Berges in concordanter Weise nach West-südwest einfallen. Dicht am Barn liegen die Schichten des Rückens beinahe senkrecht, sind aber durch unzählige Gänge sehr undeutlich gemacht; unter diesem Berge ändern sie wahrscheinlich ihre Lage aus der senkrechten in eine entgegengesetzte Neigung; denn die oberen oder basaltischen Schichten, welche ungefähr 800 oder 1000 Fusz mächtig sind, sind unter einem Winkel von zwischen 30 und 40 Graden nach Nordosten geneigt.

Dieser Rücken, und ebenso auch der Barn und der Flagstaff Hill, ist von Gängen durchschnitten, von denen viele einen merkwürdigen Parallelismus in einer nord-nordwestlichen und süd-südöstlichen Richtung bewahren. Die Gänge bestehn hauptsächlich aus einer Gesteinsart, welche porphyrartig mit groszen Augitkrystallen ist; andere werden von einem feinkörnigen und braungefärbten Trapp gebildet. Die meisten dieser Gänge sind mit einer glänzenden Schicht[68] überzogen von einem bis zwei Zehntel Zoll Dicke, welche, ungleich dem echten Pechstein, zu einem schwarzen Email schmilzt; diese Schicht ist offenbar dem glänzenden oberflächlichen Überzug vieler Lavaströme analog. Die Gänge können häufig sowohl in senkrechter als wagerechter Richtung auf grosze Strecken hin verfolgt werden und scheinen eine nahezu gleichförmige Mächtigkeit zu behalten[69]. Mr. SEALE gibt an, dasz ein Gang in der Nähe des Barn in einer Höhe von 1260 Fusz nur um 4 Zoll in der Breite abnimmt, – nämlich von 9 Fusz am Grunde bis zu 8 Fusz 8 Zoll am Gipfel. Auf dem Verbindungsrücken scheinen die Gänge in ihrem Laufe in einem beträchtlichen Grade von den abwechselnden harten und weichen Schichten geleitet worden zu sein: sie sind häufig innig mit den harten Schichten verbunden und bewahren ihren Parallelismus auf solch bedeutenden Strecken, dasz es in sehr vielen Fällen unmöglich war, zu vermuthen, welche von den Schichten derartige Ausfüllungsgänge und welche Schichten Lavaströme waren. Obschon die Gänge auf diesem Rücken so zahlreich sind, so sind sie doch in den Thälern ein wenig südlich von ihm noch zahlreicher und bis zu einem Grade, den ich nirgendwo anders auch nur annähernd erreicht gefunden habe: in diesen Thälern ziehn sie sich in weniger regelmäszigen Linien hin; sie bedecken den Boden mit einem Spinnengewebe ähnlichen Netze, und einige Stellen der Oberfläche erscheinen selbst so, als beständen sie vollständig aus Gängen, welche von andern Gängen durchwoben wären.

Wegen der durch diese Gänge verursachten Complexität, wegen der starken Neigung und des anticlinischen Einfallens der Schichten der basalen Reihe, über welchen an den entgegengesetzten Enden des kurzen Rückens zwei grosze Massen verschiedenen Alters und verschiedener Zusammensetzung gelagert sind, bin ich darüber nicht überrascht, dasz dieser merkwürdige Durchschnitt falsch verstanden worden ist. Es ist selbst die Vermuthung ausgesprochen worden, dasz er einen Theil eines Craters bilde; aber hieran ist um so weniger zu denken, als vielmehr der Gipfel des Flagstaff Hill früher einmal das untere Ende eines groszen Stromes von Lava und Asche gebildet hat, welcher von dem centralen craterförmigen Rücken her zum Ausbruch gekommen ist. Nach der Abdachung der gleichzeitigen Ströme in einem angrenzenden und nicht gestörten Theile der Insel zu urtheilen, müssen die Schichten des Flagstaff Hill mindestens zwölfhundert Fusz, und wahrscheinlich noch viel mehr, aufgerichtet worden sein, denn die groszen abgestutzten Gänge an seinem Gipfel beweisen, dasz er einer starken Denudation unterlegen ist. Der Gipfel dieses Berges ist in der Höhe jetzt nahezu dem craterförmigen Rücken gleich; und ehe er der Denudation unterlegen ist, war er wahrscheinlich höher als dieser Rücken, von welchem er durch einen breiten Strich viel niedrigeren Landes getrennt ist. Wir sehn daher hier, dasz das untere Ende einer Gruppe von Lavaströmen bis zu einer ebenso bedeutenden, oder vielleicht sogar zu einer noch gröszeren Höhe aufgestülpt worden ist, als der Crater besasz, an dessen Wänden sie ursprünglich herabgeflossen waren. Ich glaube, dasz Dislocationen in so bedeutendem Maszstabe in vulcanischen Districten äuszerst selten sind[70]. Die Bildung solcher Mengen von Ausfüllungsgängen in diesem Theile der Insel weist darauf

hin, dasz die Oberfläche hier in einem ganz
auszerordentlichen Grade gestreckt worden sein musz: diese
Streckung trat an dem Rücken zwischen dem Flagstaff Hill
und dem Barn wahrscheinlich erst ein, nachdem
(wennschon vielleicht unmittelbar darauf) die Schichten
aufgerichtet wurden; denn hätten zu jener Zeit die
Schichten in horizontaler Ausdehnung dagelegen, so
würden sie aller Wahrscheinlichkeit nach quer gespalten
und injicirt worden sein statt in der Ebene ihrer
Schichtung. Obgleich der Raum zwischen dem Barn und
dem Flagstaff Hill eine deutliche, sich nördlich und südlich
erstreckende anticlinische Linie darbietet, und obgleich die
Mehrzahl der Gänge mit groszer Regelmäszigkeit in dieser
selben Linie sich hinziehen, so liegen doch nur eine Meile
gerade südlich von dem Rücken die Schichten ungestört. Es
scheint daher die störende Kraft mehr unterhalb eines
Punktes statt einer Linie entlang gewirkt zu haben. Die Art
und Weise, in welcher sie gewirkt hat, wird wahrscheinlich
durch die Structur des Little Stony-top erklärt, eines 2000
Fusz hohen Berges, welcher einige wenige Meilen südlich
vom Barn liegt; wir sehen dort, selbst von einer gewissen
Entfernung aus, einen dunkelfarbigen, scharfen Keil
compacten säulenförmigen Gesteins und die hellgefärbten
feldspathigen Schichten von seiner unbedeckten Spitze aus
nach beiden Seiten hin abfallen. Dieser Keil, nach welchem
der Berg seinen Namen »Stony-top« erhalten hat, besteht
aus einer Gesteinsmasse, welche im verflüssigten Zustande
in die darüber liegenden Schichten injicirt worden ist; und
wenn wir annehmen dürfen, dasz eine ähnliche
Gesteinsmasse unter dem, den Barn und Flagstaff Hill
verbindenden Rücken injicirt worden ist, so ergibt sich
hieraus die dort beobachtete Structur.

Turks' Cap und Prosperous Bays –
Prosperous Hill ist ein groszer, schwarzer, steil abstürzender
Berg, welcher zwei und eine halbe Meile weit südlich vom
Barn liegt und gleich diesem aus basaltischen Schichten
zusammengesetzt ist. Diese liegen an einer Stelle auf den
braungefärbten, porphyrartigen Schichten der basalen Reihe
und an einer andern Stelle auf einer zerklüfteten Masse eines
stark schlackigen und amygdaloiden Gesteins, welches einen
kleinen Eruptionspunkt unter der Meeresfläche, gleichzeitig

mit der basalen Reihe, gebildet zu haben scheint. Prosperous Hill wird, in gleicher Weise wie der Barn, von vielen Gängen durchsetzt, von denen die gröszere Zahl von Nord nach Süd hinziehen, und seine Schichten fallen unter einem Winkel von ungefähr 20 Grad ziemlich schräg von der Insel nach dem Meere hin ein. Der Raum zwischen Prosperous Hill und dem Barn, wie er in beistehendem Holzschnitt Fig. 9 dargestellt ist, besteht aus hohen, aus den Laven der oberen oder feldspathigen Reihe zusammengesetzten Klippen, welche, wenngleich in discordanter Lagerung, auf den basalen submarinen Schichten ruhen, wie wir es auch am Flagstaff Hill gesehen haben. Verschieden indessen von ihrem Verhalten an jenem Berge sind hier diese oberen Schichten nahezu horizontal und erheben sich nur sanft nach dem Innern der Insel zu; sie bestehen aus grünlich-schwarzen oder noch gewöhnlicher aus blaszbraunen compacten Laven, statt aus erweichten und lebhaft gefärbten Massen. Diese braungefärbten compacten Laven bestehen beinahe gänzlich aus kleinen glänzenden Schuppen oder aus minutiösen nadelförmigen Krystallen von Feldspath, welche dicht aneinander liegen und auszerordentlich reich an minutiösen schwarzen Flecken, augenscheinlich von Hornblende, sind. Die basaltischen Schichten von Prosperous Hill springen nur wenig über das Niveau der sanft abfallenden feldspathigen Ströme vor, welche sich an ihre aufgerichteten Enden anstemmen und um sie herumwinden. Die Neigung der basaltischen Schichten scheint zu grosz zu sein, als dasz sie durch deren Flieszen einen Abhang hinab hätte verursacht werden können; sie müssen in ihre jetzige Stellung schon vor der Eruption der feldspathigen Ströme aufgerichtet worden sein.

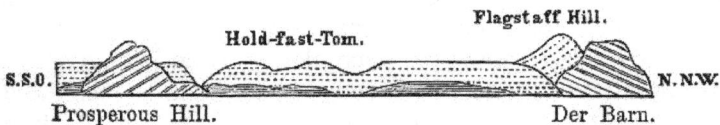

Fig. 9. Die doppelten Linien stellen die basaltischen Schichten, die einfachen die basalen submarinen Schichten, die punktirten die obern feldspathigen Schichten dar.

Basaltischer Ring. – Geht man rings um die Insel herum, so sieht man die Laven der oberen Reihe nach Süden von Prosperous Hill in hohen, steil abstürzenden Klippen in's Meer ragen. Weiter hin wird das, Great Stony-top genannte Vorland, wie ich glaube, aus Basalt gebildet; dasselbe ist mit Long Range Point der Fall, an dessen landeinwärts gelegener Seite die gefärbten Schichten anstoszen. Auf der südlichen Seite der Insel sieht man die basaltischen Schichten des Süd-Barn schräg unter einem beträchtlichen Winkel meerwärts einfallen; auch steht dieses Vorland ein wenig oberhalb des Niveaus der neueren feldspathigen Laven. Weiterhin ist ein groszer Theil der Küste, auf jeder Seite von Sandy Bay, bedeutend denudirt worden, und es scheint hier nur der basale Rest des groszen centralen Craters übrig geblieben zu sein. Die basaltischen Schichten erscheinen mit ihrer nach dem Meere hin gerichteten Neigung wieder am Fusze des, Man-and-horse genannten Berges; sie haben überall dieselbe Neigung nach dem Meere hin und ruhen, wenigstens an manchen Stellen, auf den Laven der basalen Reihe. Wir sehen in dieser Weise, dasz der Umkreis der Insel von einem bedeutend durchbrochenen Ringe, oder vielmehr von einem Hufeisen von Basalt gebildet wird, welches nach Süden hin offen ist und auf der östlichen Seite von vielen weiten Durchlässen unterbrochen wird. Die Breite dieses randständigen Saumes scheint auf der nordwestlichen Seite, wo er allein einigermaszen vollkommen ist, von einer bis zu anderthalb Meile zu schwanken. Die basaltischen Schichten fallen ebenso wie diejenigen der darunter liegenden basalen Reihe mit einer mäszigen Neigung nach dem Meere hin ein, wo sie nicht später gestört worden sind. Der durchbrochenere Zustand des basaltischen Ringes auf der östlichen Hälfte im Vergleich mit der westlichen Hälfte der Insel ist offenbar eine Folge der viel bedeutenderen erodirenden Gewalt der Wellen auf der östlichen oder der nach dem Winde hin gelegenen Seite als auf der Seite unter dem Winde, wie es sich in der gröszeren Höhe der Klippen auf jener Seite zeigt. Ob der Basaltrand vor oder nach der Eruption der Laven der oberen Reihen durchbrochen worden ist, ist zweifelhaft; da aber einzelne Partien des basaltischen Ringes vor jenem Ereignisse aufgerichtet worden zu sein scheinen, und noch aus andern Gründen, ist es wahrscheinlicher, dass wenigstens einige von den Durchbrüchen früher gebildet wurden. Stellen wir im Geiste, so weit es möglich ist, den Ring von Basalt wieder her, so scheint der innere Raum oder die Höhlung, welche seitdem mit den aus dem groszen centralen Crater ausgeworfenen Massen erfüllt worden ist, von ovaler Form gewesen zu sein, acht oder neun Meilen lang, ungefähr vier Meilen breit und mit seiner Axe in einer nordöstlichen und südwestlichen Linie liegend, die mit der jetzigen längsten Axe der Insel zusammenfällt.

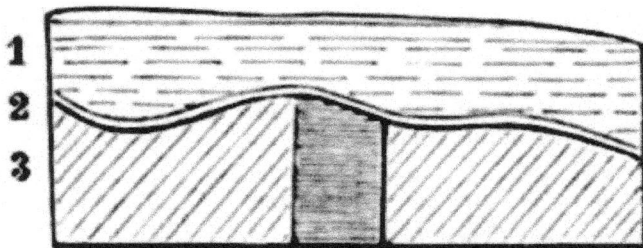

Trapp-gang.

Trapp-gang. Fig. 10. 1. Graue feldspathige Lava. 2. Eine, einen Zoll mächtige Schicht röthlicher erdiger Substanz. 3. Breccienartige, rothe, thonhaltige Tuffe.

Der centrale gebogene Rücken. – Dieser Bergkamm besteht, wie vorhin schon bemerkt wurde, aus grauen feldspathigen Laven und aus rothen, breccienartigen, thonhaltigen Tuffen, wie die Schichten der oberen gefärbten Reihe. Die grauen Laven enthalten zahlreiche minutiöse schwarze, leicht schmelzbare Flecken, und nur sehr wenige grosze Krystalle von Feldspath. Sie sind meistens bedeutend erweicht; mit Ausnahme dieses Merkmals und des Umstandes, dass sie an vielen Stellen in hohem Grade zellig sind, sind sie denen jener groszen Lavaflächen auszerordentlich ähnlich, welche an der Küste von Prosperous Bay die hohen Klippen bilden. Nach den Anzeichen der Denudation zu urtheilen, scheinen zwischen der Bildung der einzelnen aufeinanderfolgenden Schichten, aus welchen dieser Rücken zusammengesetzt ist, beträchtliche Zeiträume verflossen zu sein. An dem steilen nördlichen Abhange beobachtete ich an mehreren Durchschnitten eine bedeutend verwitterte wellenförmige Fläche rothen Tuffs, welcher von grauen, zersetzten, feldspathigen Laven bedeckt war, mit einer nur dünnen erdigen, zwischen beide eingelagerten Schicht. An einer in der Nähe gelegenen Stelle bemerkte ich einen Trapp-Gang, vier Fusz breit, oben abgeschnitten und von der feldspathigen Lava bedeckt, wie es in dem beistehenden Holzschnitt dargestellt ist (Fig. 10). Der Bergrücken endet auf der östlichen Seite in einem Haken, welcher auf keiner der Karten, welche ich gesehen habe, deutlich genug dargestellt worden ist; nach dem westlichen Ende hin dacht er sich allmählich ab und theilt sich in mehrere untergeordnete Kämme. Der am deutlichsten hervortretende Theil zwischen Diana's Peak und Nest Lodge, welcher die höchsten Bergzinnen auf der Insel von einer zwischen 2000 und 2700 Fusz schwankenden Höhe trägt, ist eher etwas weniger als drei Meilen in einer geraden Linie lang. Über diesen ganzen Raum hin hat der Rücken ein gleichförmiges Aussehen und gleiche Structur; seine Krümmung ist der dem Küstenzuge einer groszen Meeresbucht ähnlich, aus vielen kleineren, sämmtlich nach Süden offenen Bogen zusammengesetzt. Die nördliche, äuszere Seite wird von schmalen Rücken oder Stützpfeilern unterstützt, welche sich nach dem angrenzenden Lande abdachen. Die Innenseite ist viel steiler und beinahe abgrundartig abfallend; sie wird von den Ausstrichenden der Schichten gebildet, welche sanft nach auszen hin abfallen. Einigen Stellen der innern Seite entlang, eine kurze Strecke unterhalb des Gipfels, zieht sich eine flache Schwelle hin, welche in ihrem Umrisse die kleineren Krümmungen des Kammes nachahmt. Schwellen oder Stufen dieser Art kommen nicht selten innerhalb vulcanischer Cratere vor; ihre Bildung scheint die Folge des Einsinkens einer erhärteten Lava zu sein, deren Ränder an den Seitenwandungen hängen bleiben[71] (wie das Eis rings herum in einem Tümpel, dessen Wasser abgelassen worden ist).

An einigen Stellen wird der Rücken von einer Mauer oder Brustwehr überragt, welche auf beiden Seiten senkrecht abfällt. In der Nähe von Diana's Peak ist diese Mauer auszerordentlich schmal. Auf dem Galapagos-Archipel beobachtete ich solche Brustwehren, welche eine völlig übereinstimmende Structur und Erscheinung darboten und mehrere der dortigen Cratere überragten; eine davon, welche ich besonders genau untersuchte, war aus glänzenden, rothen, fest mit einander verkitteten Schlacken gebildet; da sie nach auszen ganz senkrecht war und sich nahezu rings um den ganzen Umfang des Craters erstreckte, machte sie denselben beinahe unzugänglich. Der Pik von Teneriffa und der Cotopaxi sind, der Angabe HUMBOLDT's zufolge, ähnlich gebaut: er gibt an[72], dasz »an ihren Gipfeln eine kreisförmige Mauer die Cratere umgibt, welche Mauer von der Entfernung gesehen das Aussehen eines kleinen, auf einen abgestutzten Kegel gestellten Cylinders hat. Am Cotopaxi[73] ist dieser eigenthümliche Bau mit bloszem Auge schon in einer Entfernung von mehr als 2000 Toisen zu erkennen; und noch niemals hat irgend Jemand seinen Crater erreicht. Am Pik von Teneriffa ist diese Brustwehr so hoch, dasz es unmöglich wäre, die ›Caldera‹ zu erreichen, wenn nicht auf der östlichen Seite eine Lücke in derselben existirte.« Die Entstehung dieser eigenthümlichen Brustwehren ist wahrscheinlich das Resultat der die Seitenwände durchdringenden und bis zu einer annähernd gleichen Tiefe erhärtenden Hitze oder Dämpfe und der späteren langsamen Einwirkung des Wetters auf den Berg, welche die erhärteten Theile in der Form eines Cylinders oder einer kreisförmigen Brustwehr vorspringend zurückläszt.

Wegen der einzelnen Punkte der Structur an dem centralen Rücken, welche nun aufgezählt worden sind, – nämlich der Convergenz der Schichten der oberen Reihe nach ihm hin, – des in hohem Grade Zelligwerdens der Laven dort, – der flachen stufenförmigen, sich seiner inneren und steilen Seite entlang erstreckenden Schwelle, ähnlich der innerhalb mehrerer noch activer Cratere, – wegen der brustwehrartigen Mauer auf seinem Gipfel, – und endlich wegen seiner eigenthümlichen Krümmung, welche von der irgend einer andern gewöhnlichen Erhebungslinie verschieden ist, kann ich nicht daran zweifeln, dasz dieser gebogene Rücken den letzten Überrest eines groszen Craters bildet. Versucht man indessen, seinen früheren Umrisz zu verfolgen, so geräth man bald in Verwirrung; sein westliches Ende fällt ganz allmählich ab und erstreckt sich, sich in andere Kämme verzweigend, bis zur Meeresküste; das östliche Ende ist stärker gebogen, aber nur um ein Weniges schärfer bestimmt. Einige Erscheinungen führen mich zu der Vermuthung, dasz die südliche Wand des Craters sich mit dem jetzt vorhandenen Rücken in der Nähe von Nest Lodge verband; in diesem Falle musz der Crater nahezu drei Meilen lang und ungefähr anderthalb Meilen breit gewesen sein. Wäre die Denudation des Rückens und die Zersetzung der sie bildenden Gesteinsmassen noch wenige Schritte weiter gegangen, und wäre dieser Rücken, wie mehrere andere Theile der Insel, durch grosze Gänge und Massen von injicirter Substanz durchbrochen worden, so hätten wir vergebens versuchen können, seine wahre Natur aufzufinden. Selbst jetzt haben wir gesehen, dasz am Flagstaff Hill das untere Ende und die am weitesten abliegende Partie eines groszen Feldes ausgeworfner Masse bis zu einer so bedeutenden Höhe aufgerichtet worden ist, wie sie der Crater, aus dem sie herabflosz, besasz, und wahrscheinlich sogar zu einer noch gröszeren Höhe. Es ist interessant, in dieser Weise die Schritte zu verfolgen, auf denen die Structur eines vulcanischen Districts allmählich undeutlich gemacht und schlieszlich verwischt wird: St. Helena findet sich in einem dieser letzten Stufe so nahen Zustande, dasz, wie ich glaube, noch Niemand bis jetzt vermuthet hat, dasz der centrale Rücken oder die Axe dieser Insel der letzte Überrest des Craters darstellt, aus welchem die neuesten vulcanischen Ströme ergossen wurden.

Der grosze ausgehöhlte Raum oder das Thal nach Süden von dem centralen bogenförmigen Rücken, über die Hälfte von dem sich früher einmal der Crater erstreckt haben musz, wird von kahlen, vom Wasser abgenagten Hügeln und Kämmen von rothen, gelben und braunen Gesteinen gebildet, welche in chaotischer Unordnung durcheinander gemengt, von Gängen durchsetzt sind und keine irgendwie regelmäszige Stratification zeigen. Der hauptsächlichste Theil besteht aus rothen, zerfallenden Schlacken, welche mit verschiedenen Arten von Tuff und gelben, thonartigen Schichten verbunden sind, voll von zerbrochenen

Krystallen, unter denen die Augitkrystalle besonders grosz sind. Hier und da ragen Massen von in hohem Grade zelligen und amygdaloiden Laven vor. Von einem der Kämme in der Mitte des Thals ragt ein conischer, steil abstürzender Hügel, genannt Lot, kühn hervor und bildet einen äuszerst eigenthümlichen und auffälligen Gegenstand. Er ist aus Phonolith zusammengesetzt, welcher an einer Stelle in grosze gebogene Lamellen, an einer andern in winklige concretionäre Kugeln, und an einer dritten Stelle in nach auszen ausstrahlende Säulen getheilt ist. An seiner Basis fallen die Lavaschichten, die Tuff- und Schlackenlager nach allen Seiten hin ab[74]: der unbedeckte Theil ist 197 Fusz[75] hoch, und sein horizontaler Durchschnitt zeigt eine ovale Form. Der Phonolith ist von einer grünlich-grauen Farbe und ist voll von äuszerst winzigen, nadelförmigen Feldspath-Krystallen; an den meisten Stellen hat er einen muscheligen Bruch und ist klingend, doch ist er von minutiösen Lufträumen durchsetzt. In südwestlicher Richtung von Lot finden sich noch einige andere merkwürdige säulenförmige Berggipfel, aber von einer weniger regelmäszigen Form, nämlich Lot's Weib und die Eselsohren, welche aus verwandten Gesteinsarten bestehen. Nach ihrer abgeplatteten Gestalt und ihrer relativen Stellung zu einander zu urtheilen, stehen sie offenbar auf der nämlichen Spaltungslinie miteinander in Verbindung. Es ist überdies merkwürdig, dasz dieselbe nordöstliche und südwestliche Linie, welche Lot und Lot's Weib miteinander verbindet, wenn sie verlängert wird, auch den Flagstaff Hill durchschneidet, welcher, wie vorhin angeführt wurde, von zahlreichen in dieser Richtung verlaufenden Gängen gekreuzt wird und welcher eine confundirte Structur besitzt; es wird hierdurch wahrscheinlich gemacht, dasz eine grosze Masse ehemals flüssigen Gesteins als Erfüllungsmasse unter ihr liegt.

In diesem nämlichen groszen Thale finden sich mehrere andere kegelförmige Massen injicirten Gesteins (von denen eine, wie ich beobachtete, aus compactem Grünstein bestand), von denen einige allem Anscheine nach mit keiner Ganglinie in irgend einer Verbindung steht, während andere augenfällig eine solche Verbindung besitzen. Drei oder vier grosze Züge dieser Gänge erstrecken sich quer durch das

Thal in einer nordöstlichen und südwestlichen Richtung, parallel zu dem, welcher die Eselsohren, Lot's Weib und wahrscheinlich Lot untereinander verbindet. Die grosse Zahl dieser Massen injicirten Gesteins ist ein merkwürdiger Zug in der Geologie von St. Helena. Auszer den soeben erwähnten und der hypothetisch angenommenen unter dem Flagstaff Hill gehört hieher noch Little Stony-top und, wie ich anzunehmen Grund habe, noch andere bei dem Man-and-Horse und High Hill. Die meisten dieser Massen, wenn nicht sämmtliche, sind in einer den letzten vulcanischen Eruptionen aus dem centralen Crater folgenden Periode injicirt worden. Die Bildung von kegelförmigen Gesteinshöckern auf Spaltungslinien, deren Wandungen in den meisten Fällen parallel sind, können wahrscheinlich Ungleichheiten in der Spannung zugeschrieben werden, welche kleine quere Spalten verursachen; und an solchen Durchschnittspunkten werden natürlich die Ränder der Schichten nachgeben und leicht nach aufwärts gebogen werden. Endlich will ich noch bemerken, dasz Hügel von Phonolith überall gern eigenthümliche und selbst groteske Gestalten, wie die Lot's, annehmen[76]: der Pik auf Fernando Noronha bietet ein Beispiel hiervon dar; indessen haben bei S. Jago die Kegel von Phonolith, obschon sie zugespitzt sind, eine regelmäszige Form. Nimmt man an, wie es wahrscheinlich der Fall gewesen ist, dasz alle derartige Hügel oder Obelisken ursprünglich noch in flüssigem Zustande in eine von nachgebenden Schichten gebildete Form injicirt worden sind, wie es mit Lot der Fall gewesen ist, wie können wir die häufige Steilheit und Eigenthümlichkeit ihrer Umrisse erklären, im Vergleich mit ähnlich injicirten Massen von Grünstein und Basalt? Kann dies wohl die Folge eines weniger vollkommenen Grades von Flüssigkeit sein, welcher, wie allgemein angenommen wird, für die verwandten trachytischen Laven characteristisch ist?

Oberflächliche Ablagerungen. – Weicher kalkiger Sandstein kommt in ausgedehnten, wenn schon dünnen, oberflächlichen Lagern sowohl auf den nördlichen als südlichen Ufern der Insel vor. Er besteht aus sehr minutiösen, gleich groszen, abgerundeten Schalenstückchen und andern organischen Körpern, welche zum Theil ihre gelben, braunen und rosa Färbungen beibehalten und gelegentlich auch, wenngleich sehr selten, eine undeutliche Spur ihrer ursprünglichen äuszeren Formen darbieten. Ich habe mich vergebens bemüht, auch nur ein einziges nicht abgerolltes Fragment einer Schale aufzufinden. Die Farbe der Theilchen ist der augenfälligste Character, aus welchem ihr Ursprung erkannt werden kann; die Farbentöne werden durch mäszige Hitze in der nämlichen Weise afficirt (und auch ein Geruch hervorgebracht), wie bei frischen Muscheln. Die Theilchen sind miteinander verkittet und mit etwas erdiger Substanz vermengt: die reinsten Massen enthalten nach der Angabe BEATSON's 70 Procent kohlensauren Kalk. Die in ihrer Mächtigkeit zwischen zwei oder drei und fünfzehn Fusz schwankenden Schichten überziehen die Oberfläche des Bodens; sie liegen meistens an derjenigen Seite des Thales, welche gegen den Wind geschützt ist, und kommen in der Höhe von mehreren Hundert Fusz über dem Meeresspiegel vor. Ihre Lage ist die nämliche, welche Sand, wenn er von den Passatwinden angetrieben würde, einnehmen würde; und ohne Zweifel entstanden sie auch auf diese Weise, was auch die gleiche Grösze und Winzigkeit der Schalenstückchen und gleichfalls auch die gänzliche Abwesenheit ganzer Muscheln oder selbst nur mäszig groszer Fragmente erklärt. Es ist merkwürdig, dasz sich heutigen Tags keine muschligen Strandpartien an irgend einem Theile der Küste finden, von denen aus kalkiger Staub fortgetriftet und gesichtet werden könnte: wir müssen daher nach einer früheren Periode zurückblicken, wo eine leicht abfallende Küste wie die auf Ascension die Ansammlung muschlichen Detritus begünstigte, ehe noch das Land in die jetzigen steil abfallenden Küsten abgenagt war. Einige von den Schichten dieses Kalksteins finden sich zwischen 600 und 700 Fusz über dem Meere; aber ein Theil dieser Höhe dürfte möglicherweise Folge einer Erhebung des Landes nach der Anhäufung des kalkigen Sandes sein.

Das Durchsickern von Regenwasser hat Theile dieser Schichten zu einem festen Stein consolidirt und hat Massen eines dunkelbraunen stalagmitischen Kalksteins gebildet. In dem Sugar-Loaf-Steinbruch sind Fragmente von Gestein an den anstoszenden Abhängen[77] dick von

115

aufeinanderfolgenden feinen Lagen einer kalkigen Substanz überzogen worden. Es ist eigenthümlich, dasz viele von diesen Geschiebestücken ihre ganze Oberfläche überzogen haben, ohne dasz irgendwo ein Berührungspunkt unbedeckt gelassen wäre; es müssen daher diese Rollsteine durch die langsam zwischen sie erfolgende Ablagerung der aufeinanderfolgenden Niederschläge von kohlensaurem Kalk in die Höhe gehoben worden sein. Massen von weiszem, fein oolithischem Gestein hängen der Auszenseite einiger dieser überzogenen Geschiebesteine an. L. VON BUCH hat einen compacten Kalkstein von Lanzarote beschrieben, welcher der eben erwähnten stalagmitischen Ablagerung vollständig ähnlich zu sein scheint: er überzieht Geschiebesteine und ist stellenweise fein oolithisch; er bildet eine weit ausgedehnte Schicht von einem Zoll bis zu zwei oder drei Fusz an Mächtigkeit und kommt in einer Höhe von 800 Fusz über dem Meeresspiegel, aber nur an der Seite der Insel vor, welche den heftigen Nordwest-Winden ausgesetzt ist. L. VON BUCH bemerkt[78], dasz er nicht in Vertiefungen gefunden wird, sondern nur an den nicht unterbrochenen und geneigten Oberflächen des Berges. Er ist der Meinung, dasz er von dem Flugwasser abgesetzt wird, welches von jenen heftigen Winden über die ganze Insel getragen wird. Es erscheint mir indessen viel wahrscheinlicher, dasz er, wie auf St. Helena, durch das Durchsickern von Wasser durch fein zerkleinerte Schalthiergehäuse gebildet worden ist; denn wenn Sand auf eine bedeutend exponirte Küste geweht wird, strebt er sich immer auf breiten, ebenen Flächen anzuhäufen, welche den Winden einen gleichmäszigen Widerstand darbieten. Überdies findet sich auf der benachbarten Insel Fuerteventura[79] ein erdiger Kalkstein, welcher, der Angabe L. VON BUCH's zufolge, Handstücken von St. Helena, welche er gesehen hat, völlig ähnlich ist, und welcher, wie er meint, durch die Antrift muschligen Detritus gebildet worden ist.

Die oberen Schichten des Kalksteins in dem oben erwähnten Steinbruche am Sugar-Loaf-Berge sind weicher, feinkörniger und weniger rein als die tiefern Schichten. Sie sind auszerordentlich reich an Fragmenten von Landmuscheln und enthalten einige vollkommene; sie enthalten auch Knochen von Vögeln und die groszen

Eier[80], allem Anscheine nach von Wasservögeln. Wahrscheinlich haben diese oberen Schichten lange in einer nicht consolidirten Form bestanden, während welcher Zeit diese terrestrischen Erzeugnisse eingeschlossen wurden. Mr. G. R. Sowerby ist so freundlich gewesen, drei Species von Land-Schalthieren, welche ich aus dieser Schicht erhalten habe, zu untersuchen; seine Beschreibungen sind im Anhange mitgetheilt. Eine derselben ist eine *Succinea*, identisch mit einer noch jetzt in auszerordentlicher Menge auf der Insel lebenden Art; die zwei andern, nämlich *Cochlogena fossilis* und *Helix biplicata* sind nicht in lebendem Zustande bekannt; die letztere Art wurde auch noch an einer andern, verschiedenen Örtlichkeit gefunden, in Gesellschaft mit einer Species von *Cochlogena*, welche unzweifelhaft ausgestorben ist.

S c h i c h t e n   a u s g e s t o r b e n e r L a n d s c h a l t h i e r e. – Landschnecken, welche sämmtlich zu jetzt ausgestorbenen Species zu gehören scheinen, kommen, in Erde eingeschlossen, an mehreren Stellen der Insel vor. Die Mehrzahl derselben ist in einer beträchtlichen Höhe um Flagstaff Hill gefunden worden. Auf der Nordwest-Seite dieses Berges bietet ein Regen-Rinnsal einen Durchschnitt von ungefähr zwanzig Fusz Dicke dar, dessen oberer Theil aus schwarzer vegetabilischer Dammerde, offenbar von den darüberliegenden Höhen herabgewaschen, und dessen unterer Theil aus weniger schwarzer Erde besteht, welche auszerordentlich reich an jungen und alten Schneckenschalen und deren Fragmenten ist: ein Theil dieser Erde ist durch kalkige Substanz leicht consolidirt worden, welche augenscheinlich von einer theilweisen Zersetzung einiger dieser Schneckenschalen herrührt. Mr. Seale, ein intelligenter Bewohner der Insel, welcher zuerst die Aufmerksamkeit auf diese Schalthiergehäuse lenkte, gab mir eine grosze Sammlung von einer andern Örtlichkeit, wo die Schalen augenscheinlich in sehr schwarzer Erde eingeschlossen gewesen sind. Mr. G. R. Sowerby hat diese Schalen untersucht und sie in dem Anhange beschrieben. Es sind dies sieben Species, nämlich eine *Cochlogena*, zwei Species von *Cochlicopa* und eine von *Helix*: keine derselben ist im lebenden Zustande bekannt oder in irgend einem andern Lande gefunden worden. Die kleineren Arten sind von der

Innenseite der groszen Schalen der *Cochlogena auris-vulpina*
herausgeholt worden. Diese letztgenannte Species ist in
vielen Beziehungen eine sehr merkwürdige; sie wurde, selbst
von LAMARCK, in eine marine Gattung gestellt; und da man
sie hiernach irrthümlich für eine Seeschnecke hielt, und die
kleineren begleitenden Species übersehen wurden, so masz
man genau die Höhe ihrer Fundorte und leitete daraus die
Erhebung dieser Insel ab! Es ist sehr merkwürdig, dasz
sämmtliche von mir an einem Orte gefundenen Schalen
dieser Species eine, nun von Mr. SOWERBY beschriebene
verschiedene Varietät von denen bilden, welche Mr. SEALE
von einer andern Örtlichkeit erhielt. Da diese *Cochlogena* eine
grosze und in die Augen fallende Schnecke ist, so
erkundigte ich mich besonders bei mehreren intelligenten
Einwohnern, ob sie dieselbe jemals lebendig gesehen hätten;
sie versicherten mir alle, dasz sie dies nicht gethan hätten,
und wollten nicht einmal glauben, dasz es ein Landthier
wäre: überdies hat auch Mr. SEALE, der sein ganzes Leben
lang Muschelsammler auf St. Helena gewesen ist, sie niemals
lebend gesehen. Möglicherweise ergibt sich noch, dasz einige
von den kleineren Species noch lebenden Arten angehören;
andererseits aber kommen die beiden Landschnecken,
welche jetzt auf der Insel in groszer Menge leben, so weit bis
jetzt bekannt ist, nicht mit den ausgestorbenen Species
eingeschlossen vor. Ich habe in meiner Reise[81] gezeigt, dasz
das Aussterben dieser Landschnecken möglicherweise kein
altes Ereignis ist, da eine grosze Veränderung im Zustande
dieser Insel vor 120 Jahren eintrat, indem die alten Bäume
abstarben und nicht durch junge ersetzt wurden; diese
wurden von den Ziegen und Schweinen zerstört, welche seit
dem Jahre 1502 in groszen Mengen verwildert waren. Mr.
SEALE gibt an, dasz auf dem Flagstaff Hill, wo, wie wir
gesehen haben, die eingeschlossenen Landschnecken ganz
besonders zahlreich waren, überall Spuren nachweisbar
sind, welche deutlich anzeigen, dasz er früher einmal dicht
mit Bäumen bedeckt war; jetzt wächst nicht einmal ein
Busch dort. Die dicke Schicht schwarzer vegetabilischer
Dammerde, welche die Schalenschicht bedeckt, an den Seiten
dieses Berges, ist wahrscheinlich von dem obern Theile
herabgewaschen worden, sobald die Bäume vernichtet
waren und der durch dieselben gewährte Schutz verloren

war.

Erhebung des Landes – Da ich gesehen hatte, dasz die Laven der basalen Reihe, welche submarinen Ursprungs sind, über den Spiegel des Meeres, und zwar an einigen Stellen bis zur Höhe von vielen hundert Fusz erhoben sind, so suchte ich nach andern an der Oberfläche sich bietenden Zeichen für die Erhebung des Landes. Der Boden einiger der Klüfte, welche nach der Küste hinabreichen, ist bis zur Tiefe von ungefähr einhundert Fusz von undeutlich geschiedenen Schichten von Sand, schlammigem Thon und fragmentaren Massen erfüllt; in diesen Schichten hat Mr. SEALE die Knochen des Tropikvogels und des Albatross gefunden; von ihnen besucht der erstere jetzt nur selten, und der letztere niemals die Insel. Wegen der Verschiedenartigkeit dieser Schichten und den sich abdachenden Haufen von Detritus, welche auf ihnen liegen, vermuthe ich, dasz dieselben zur Ablagerung gelangten, als die Schluchten noch unter der Meeresfläche standen. Mr. SEALE hat überdies nachgewiesen, dasz einige der spaltenähnlichen Schluchten[82] allmählich mit einer concaven Contur am Boden eher weiter werden als am obern Ende; und dieser eigenthümliche Bau ist wahrscheinlich durch die abnagende Thätigkeit der Wellen hervorgebracht worden, als sie in den untern Theil dieser Schluchten eindrangen. In bedeutenderen Höhen sind die Beweise für das Aufsteigen des Landes selbst noch weniger deutlich; demungeachtet finden sich in einer buchtartigen Einsenkung auf dem Plateau hinter Prosperous Bay in der Höhe von ungefähr 1000 Fusz plattgipfelige Felsmassen, von denen kaum zu begreifen ist, dasz sie durch irgend welche andere Kräfte von den umgebenden ähnlichen Schichtenlagen inselförmig losgetrennt worden sind als durch die erodirende Wirkung eines Meeresstrandes. Es ist in der That ein bedeutender Betrag von Denudation in groszen Höhen eingetreten, welchen durch irgend welche andere Mittel zu erklären nicht leicht sein würde: so bietet, dem Berichte Mr. SEALE's zufolge, der Gipfel des Barn, welcher 2000 Fusz hoch ist, ein vollkommenes Netzwerk abgestutzter Gänge dar; auf Bergen, welche wie der Flagstaff Hill aus weichem Gestein bestehen, könnten wir vermuthen, dasz die Gänge durch meteorische

Einwirkungen niedergewaschen und abgestutzt worden seien; wir können dies aber in Bezug auf die harten basaltischen Schichten des Barn kaum für möglich halten.

Denudation der Küste – Die ungeheuren, an manchen Stellen zwischen 1000 und 2000 Fusz hohen Klippen, von denen diese gefängnisartige Insel rings umgeben ist (mit Ausnahme von nur wenigen Stellen, wo schmale Thäler nach der Küste hinabsteigen), ist der am stärksten auffallende Zug in der Scenerie derselben. Wir haben gesehen, dasz Partien des basaltischen Ringes gänzlich entfernt worden sind, welche eine Längenausdehnung von zwei oder drei Meilen, eine Breite von einer oder zwei Meilen hatten, und von einem bis zweitausend Fusz hoch waren. Es finden sich auch Stufen und Bänke von Gesteinsmassen, aus äuszerst tiefem Wasser aufsteigend und von der gegenwärtigen Küste zwischen drei und vier Meilen entfernt, welche nach Mr. SEALE's Angabe bis zum Ufer verfolgt werden können und sich als die Fortsetzungen gewisser bekannter groszer Gesteinsgänge herausstellen. Die Wellenkraft des atlantischen Oceans ist offenbar bei der Bildung dieser Klippen das wirksame Agens gewesen: und es ist interessant zu beobachten, dasz die geringere, aber immerhin noch bedeutende Höhe der Klippen auf der unter dem Winde gelegenen und theilweise geschützten Seite der Insel (auf der Strecke von Sugar-Loaf Hill bis zum South-West Point) dem geringeren Grade des Exponirtseins entspricht. Wenn man die vergleichsweise niedrigen Küsten vieler vulcanischer Inseln betrachtet, welche gleichfalls ganz exponirt im offenen Meere stehen und augenscheinlich von beträchtlichem Alter sind, so schreckt der Geist von dem Versuche zurück, die Anzahl von Jahrhunderten zu fassen, durch welche notwendigerweise diese Küste exponirt gewesen sein musz, um die ungeheuren cubischen Massen von Gestein zu Schlamm zermahlen und zerstreuen zu lassen, welche von dem Umfange dieser Insel entfernt worden sind. Der Contrast in dem Zustande der Oberfläche von St. Helena verglichen mit dem der nächsten Insel, nämlich Ascension, ist sehr auffallend. Auf Ascension sind die Lavaströme glänzend, als hätten sie sich eben ergossen, ihre Grenzen sind scharf bestimmt, und sie können oft bis zu vollständigen Crateren verfolgt werden, aus welchen sie ausgeworfen worden sind; im Verlaufe der vielen langen Spaziergänge bemerkte ich nicht einen einzigen Gesteinsgang; die Küste ist beinahe ganz rings um den Umkreis der Insel niedrig und ist zu einem kleinen Walle von nur zehn bis dreiszig Fusz Höhe rückwärts abgetragen und niedergewaschen worden (obschon auf diese Thatsache nicht zu viel Gewicht gelegt werden darf, da die Insel in der Senkung begriffen gewesen sein kann). Und doch ist während der 340 Jahre, seitdem Ascension entdeckt worden ist, auch nicht einmal das schwächste Zeichen von vulcanischer Thätigkeit berichtet worden[83]. Andererseits kann auf St. Helena der Lauf auch nicht eines einzigen Lavastroms verfolgt werden, weder durch die Beschaffenheit seiner Grenzen noch durch die seiner Oberfläche; das blosze Wrack eines groszen Craters ist übrig geblieben; nicht allein die Thäler, sondern die Oberfläche einiger von den höchsten Bergen sind von niedergeriebenen Gesteinsgängen durchwoben, und an vielen Stellen stehen die denudirten Gipfel groszer Kegel von injicirter Gesteinsmasse exponirt und nackt da; endlich ist, wie wir gesehen haben, der ganze Umkreis der Insel zu den groszartigsten Felsklippen abgetragen und abgenagt worden.

Erhebungs-Cratere.

In Bezug auf den Bau und die geologische Geschichte besteht eine bedeutende Ähnlichkeit zwischen St. Helena, S. Jago und Mauritius. Alle drei Inseln sind (wenigstens an den Stellen, welche ich zu untersuchen im Stande war) von einem Ringe von basaltischen Bergen eingefaszt, welcher zwar jetzt vielfach durchbrochen ist, aber offenbar früher zusammenhängend war. Diese Berge haben, oder hatten augenscheinlich früher, nach dem Innern der Insel zu steile Abdachungen, und ihre Schichten fielen nach auszen ein. Ich war nur in einigen wenigen Fällen die Neigungsverhältnisse der Schichten zu ermitteln im Stande; auch war dies durchaus nicht leicht, denn die Stratification war meistens undeutlich, ausgenommen, wenn man die Gesteine von fern betrachtete. Ich zweifle indessen nur wenig daran, dasz, in Übereinstimmung mit den Untersuchungen ÉLIE DE BEAUMONT's, ihre mittlere Neigung gröszer ist als eine solche, welche sie in Anbetracht ihrer Mächtigkeit und Compactheit durch das Hinabflieszen auf einer geneigten Fläche hätten erlangen können. Auf St. Helena und auf S. Jago liegen die basaltischen Schichten auf älteren und wahrscheinlich submarinen Schichten verschiedener Zusammensetzung. Auf allen drei Inseln sind grosze Fluthmassen neuerer Lava vom Mittelpunkte der Insel aus nach den basaltischen Bergen hin und zwischen ihnen durchgeflossen; und auf St. Helena ist das centrale Plateau von solchen erfüllt worden. Alle drei Inseln sind in Masse emporgehoben worden. Auf Mauritius musz das Meer innerhalb einer späten geologischen Periode bis an den Fusz der basaltischen Berge gereicht haben, wie es auf St. Helena noch der Fall ist; und auf S. Jago nagt es die zwischenliegende Ebene nach ihnen hin nieder. Wenn man auf diesen drei Inseln, aber besonders auf S. Jago und Mauritius, auf dem Gipfel einer der alten basaltischen Berge steht, so sucht man nach dem Mittelpunkte der Insel hin, nach dem Punkte, wohin die Schichten unter den Füszen des Beobachters und an den Bergen zu beiden Seiten im Groszen und Ganzen convergiren, – vergebens nach einer Quelle, aus welcher diese Schichten hervorgebrochen sein könnten; man sieht dagegen nur eine ungeheure vertiefte Plattform, die sich zu Füszen hinstreckt, oder Haufen von Massen viel neueren Ursprungs.

Diese basaltischen Berge gehören, wie ich vermuthe, in die Classe der Erhebungs-Cratere: es ist von keiner Bedeutung, ob die Ringe jemals vollständig ausgebildet gewesen sind; denn die Theile davon, welche jetzt noch existiren, haben eine so gleichförmige Structur, dasz sie, wenn sie nicht Bruchstücke wirklicher Cratere darstellen, mit gewöhnlichen Erhebungslinien nicht in eine Classe zusammengestellt werden können. Was ihren Ursprung betrifft, so kann ich, nachdem ich die Werke von CH. LYELL[84] und von C. PREVOST und VIRLET gelesen habe, nicht glauben, dasz die groszen centralen Einsenkungen durch eine einfache kuppelförmige Erhebung und eine darauffolgende Biegung der Schichten gebildet worden sind. Andererseits könnte ich nur mit sehr groszer Schwierigkeit annehmen, dasz diese basaltischen Gebirge blosz die basalen Fragmente groszer Vulcane sind, deren Gipfel entweder weggesprengt, oder noch wahrscheinlicher durch Senkung fortgeschwemmt worden sind. Diese Ringe sind in manchen Fällen so ungeheuer, wie auf S. Jago und auf Mauritius, dasz ich mich kaum dazu bereden kann, diese Erklärung anzunehmen. Überdies vermuthe ich, dasz die folgenden Umstände, wegen ihres häufigen Zusammenauftretens, in irgend einer Weise mit einander in Verbindung stehen, eine Verbindung, welche durch keine der oben angeführten Ansichten erklärt wird: nämlich erstens der durchbrochene Zustand des Ringes, welcher darauf hinweist, dasz die jetzt getrennt stehenden Partien einer bedeutenden Denudation ausgesetzt gewesen sind, und, vielleicht in einigen Fällen, es wahrscheinlich macht, dasz der Ring niemals vollständig gewesen ist; zweitens, die bedeutende Menge der aus dem centralen Gebiete vor oder während der Bildung des Ringes ausgeworfenen Masse; und drittens, die Erhebung des ganzen Gebietes in Masse. Was den Umstand betrifft, dasz die Neigung der Schichten gröszer ist als diejenige, welche die basalen Fragmente gewöhnlicher Vulcane naturgemäsz besitzen würden, so kann ich gern glauben, dasz diese Neigung langsam durch den Betrag von Erhebung erlangt worden ist, für welche nach ÉLIE DE BEAUMONT die zahlreichen ausgefüllten Spalten oder Gesteinsgänge den Beweis und den Maszstab abgeben, – eine in gleicher Weise neue und bedeutungsvolle Ansicht, welche wir den Untersuchungen dieses Geologen über den Ätna verdanken.

Eine Vermuthung, welche die oben erwähnten Umstände mit in Betracht zieht, drängte sich mir auf, als ich, – nach den 1835 in Süd-America[85] beobachteten Erscheinungen vollständig davon überzeugt, dasz die Kräfte, welche Substanz aus vulcanischen Öffnungen auswerfen und welche Continente in Masse erheben, identisch sind, – jenen Theil der Küste von S. Jago betrachtete, wo die horizontal emporgehobene kalkige Schicht in das Meer einfällt, direct unter einem Kegel von später ausgeworfener Lava. Diese Conjunctur ist die folgende, dasz nämlich während der langsamen Erhebung eines vulcanischen Districts oder einer Insel, in deren Mittelpunkt eine oder mehrere Öffnungen beständig offen sind und in dieser Weise den unterirdischen Kräften einen Ausweg bieten, die Ränder mehr erhoben werden als die centrale Fläche, und dasz die so erhobenen Partien nicht sanft nach der centralen, weniger erhobenen Fläche abfallen, wie es die kalkige Schicht unter dem Lavakegel auf S. Jago und wie es ein groszer Theil des Umkreises von Island[86] thut, sondern dasz sie von derselben durch gebogene Verwerfungen getrennt sind. Nach dem, was wir an gewöhnlichen Verwerfungen sehen, dürfen wir erwarten, dasz die Schichten auf der emporgehobenen Seite, welche bereits wegen ihrer ursprünglichen Bildung als Lavaströme nach auszen fallen, von der Verwerfungslinie aus aufgerichtet werden, dasz also hiernach ihre Neigung vermehrt wird. Dieser Hypothese zufolge, welche ich versucht bin, nur auf einige wenige Fälle auszudehnen, ist es nicht wahrscheinlich, dasz der Ring jemals vollständig gewesen ist; und weil die Erhebung langsam war, werden die emporgehobenen Partien starker Denudation ausgesetzt gewesen, der Ring dadurch unterbrochen worden sein; wir dürfen auch gelegentlich Ungleichheiten im Fall der aufgehobenen Massen zu finden erwarten, wie es auf S. Jago der Fall ist. Durch diese Hypothese werden die Erhebung der Districte in Masse und das Flieszen ungeheurer Lavafluthen aus den centralen Plateaus gleichfalls mit einander in Verbindung gebracht.

Nach dieser Ansicht können die randständigen basaltischen Gebirgszüge der drei vorstehend genannten Inseln noch immer als »Erhebungs-Cratere« bildend angesehen werden; die dabei in Wirksamkeit gewesene Erhebungsweise ist langsam vor sich gegangen und die centrale Einsenkung oder Platform ist nicht durch eine Beugung der Oberfläche, sondern einfach dadurch entstanden, dasz dieser Theil nur bis zu einer geringeren Höhe erhoben worden ist.

[66] Governor B e a t s o n's Account of St. Helena.

[67] »Geognosy of the Island of St. Helena«. Mr. S e a l e hat ein Modell von St. Helena in colossalem Maszstabe angefertigt, welches der Betrachtung wohl werth, jetzt in Addiscombe College, Surrey, deponirt ist.

[68] Dieser Umstand ist (L y e l l, Principles of Geology, Vol. IV.; Chap. X. p. 9) an den Gängen des Atrio del Cavallo beobachtet worden, ist aber augenscheinlich nicht von sehr gewöhnlichem Vorkommen. Indessen gibt Sir G. M a c k e n z i e an (Travels in Iceland, p. 372), dasz alle Adern auf Island einen »schwarzen glasigen Überzug auf ihren Seiten haben.« Wo Capt. C a r m i c h a e l von den Gängen auf Tristan d'Acunha, einer vulcanischen Insel im südlichen atlantischen Ocean, spricht, sagt e r (Linnean Transactions, Vol. VII. p. 485), dasz ihre Seiten, »wo sie mit den Gesteinen in Berührung kommen, sich ausnahmslos in einem halbverglasten Zustande befinden.«

[69] Geognosy of the Island of St. Helena, Taf. 5.

[70] C o n s t a n t   P r e v o s t bemerkt (Mém. de la Soc. géolog., Tom. II): »les produits volcaniques n'ont que localement et rarement même dérangé le sol, à travers lequel ils se sont fait jour.«

[71] Ein äuszerst merkwürdiges Beispiel dieses Baues ist in E l l i s' Polynesian Researches (2. Ausg.) beschrieben, wo auch eine sehr schöne Zeichnung von den aufeinanderfolgenden Stufen oder Terrassen mitgetheilt wird, welche sich an den Rändern des ungeheuren Craters auf Hawaii in den Sandwich-Inseln finden.

[72] Personal Narrative, Vol. I. p. 171.

[73] H u m b o l d t's Atlas pittoresque, folio, pl. 10.

[74] A b i c h hat in seinen Ansichten vom Vesuv (Taf. VI) die Art und Weise nachgewiesen, in welcher unter sehr ähnlichen Umständen Schichten aufgerichtet worden sind. Die obern Schichten sind stärker aufgebogen als die unteren, und dies erklärt er damit, dasz sich die Lava horizontal zwischen die untern Schichten eindrängt.

[75] Diese Höhe gibt S e a l e in seiner Geognosie der Insel an; die Höhe des Gipfels über dem Meeresspiegel soll 1444 Fusz betragen.

[76] D ' A u b u i s s o n bemerkt in seinem Traité de Géognosie (Tom. II. p. 540) besonders, dasz dies der Fall ist.

[77] In dem erdigen Detritus an mehreren Stellen dieses Berges kommen unregelmäszige Massen von sehr unreinem, krystallisirtem schwefelsaurem Kalke vor. Da diese Substanz jetzt in auszerordentlich groszer Menge von der Brandung auf Ascension abgesetzt wird, so können möglicherweise diese Massen hier in dieser Weise entstanden sein; ist dies aber der Fall gewesen, so musz es zu einer Zeit geschehen sein, wo das Land ein viel niedrigeres Niveau hatte. Dieser erdige Selenit wird jetzt in einer Höhe von zwischen 600 und 700 Fusz gefunden.

[78] Description des îles Canaries, p. 293.

[79] Ebenda, p. 314 und 374.

[80] Colonel W i l k e s gibt in einem mit einigen Handstücken der Geologischen Gesellschaft übergebenen Cataloge an, dasz bis zu zehn Eiern von einer Person gefunden wurden. Dr. B u c k l a n d hat Bemerkungen über diese Eier gemacht (Geolog. Transactions, Vol. V., p. 474).

[81] Reise eines Naturforschers (Übers.), p. 564.

[82] Eine spaltenartige Schlucht in der Nähe des Stony-top soll nach Mr. S e a l e's Angabe 840 Fusz tief und nur 115 weit sein.

[83] Im Nautical Magazine für 1835, p. 642, und für 1838, p. 361, und in den Comptes Rendus, April, 1838, werden Berichte über eine Reihe von vulcanischen Erscheinungen mitgetheilt, – Erdbeben, – unruhiges Wasser, – schwimmende Schlacken und Rauchsäulen, – welche in Zwischenräumen seit der Mitte des vorigen Jahrhunderts auf einer Fläche des offnen Meeres zwischen dem 20. und 22. Grade westlicher Länge und ungefähr einen halben Grad südlich vom Äquator beobachtet worden sind. Diese Thatsachen scheinen darauf hinzuweisen, dasz eine Insel oder ein Archipel in der Mitte des atlantischen Oceans in der Bildung begriffen ist: eine St. Helena und Ascension verbindende Linie durchschneidet, verlängert, diesen im Entstehen begriffenen Heerd vulcanischer Thätigkeit.

[84] Principles of Geology (5. edit.), Vol. II. p. 171.

[85] Ich habe ausführliche Schilderungen dieser Erscheinungen in einem vor der Geological Society im März 1838 gelesenen Aufsatze gegeben. In dem Augenblicke, wo ein ungeheures Gebiet erschüttert und ein bedeutender Landstrich emporgehoben wurde, blieben die, mehrere der groszen Auswurfsöffnungen in der Cordillera unmittelbar umgebenden Districte ruhig; die unterirdischen Kräfte wurden augenscheinlich durch die Eruptionen erleichtert, welche dann mit groszer Heftigkeit wieder begannen. Ein Ereignis von ziemlich derselben Art, aber in einem unendlich kleineren Maszstabe scheint der Angabe A b i c h's in zufolge (Ansichten vom Vesuv, Taf. I. und IX.) innerhalb des Craters des Vesuv stattgefunden zu haben, wo auf der einen Seite einer Spalte ein Plateau in Masse zwanzig Fusz erhoben wurde, während auf der andern Seite eine Reihe kleiner Vulcane in Eruption ausbrachen.

[86] Aus einer mir in der dankenswerthesten Weise gemachten Mittheilung des Mr. E . R o b e r t geht hervor, dasz die den Umkreis der Insel bildenden, aus alten basaltischen, mit Tuff abwechselnden

Schichten zusammengesetzten Theile von Island landeinwärts einfallen und so eine colossale untertassenförmige Gestalt bilden. Mr. Robert fand dies Verhalten, mit einigen wenigen und völlig localen Ausnahmen, über eine Küstenstrecke von mehreren hundert Meilen Länge. Ich finde diese Angabe, in Bezug auf eine Stelle, bestätigt von Mackenzie in seinen Reisen (p. 377) und in Bezug auf einen andern Ort in einigen handschriftlichen Bemerkungen, welche mir Dr. Holland freundlichst geliehen hat. Die Küste ist tief von Buchten eingeschnitten, an deren oberem Ende das Land meistens niedrig ist. Mr. Robert theilt mir mit, dasz sich die nach innen einfallenden Schichten bis zu dieser Linie zu erstrecken scheinen und dasz ihre Neigung gewöhnlich der Abdachung der Oberfläche entspricht, von den hohen Küstenbergen an bis zu dem niedrigen Lande am obern Ende dieser Buchten. In dem von Sir G. Mackenzie beschriebenen Durchschnitt beträgt der Einfall 12°. Die inneren Theile der Insel bestehen, so weit es bekannt ist, hauptsächlich aus neueren ausgeworfenen Massen. Indessen sollte vielleicht die bedeutende Grösze von Island, welche dem umfangreichsten Theile von England gleichkommt, die Insel von der Classe von Inseln, die wir hier betrachten, ausschlieszen; ich kann aber die Vermuthung nicht unterdrücken, dasz, wenn die Küstenberge, anstatt sanft sich nach dem weniger erhobenen centralen Gebiete abzudachen, von diesem durch unregelmäszige gekrümmte Verwerfungen getrennt wären, dann die Schichten nach dem Meere hin aufgerichtet worden wären und ein »Erhebungs-Crater« gebildet worden wäre, wie der von S. Jago oder von Mauritius, und von viel ungeheureren Dimensionen. Ich will nur noch weiter bemerken, dasz das häufige Vorkommen ausgedehnter Seen am Fusze groszer Vulcane und die häufige Vergesellschaftung von vulcanischen und Süszwasser-Schichten anzudeuten scheint, dasz die Gebiete rings um Vulcane gern unter das allgemeine Niveau des umgebenden Landes niedergedrückt sind, und zwar entweder, weil sie weniger hoch emporgehoben worden sind, oder in Folge der Wirkung einer Senkung.

Fünftes Capitel.

Galapagos-Archipel.

Chatham-Insel. – Aus einer besondern Art von Tuff zusammengesetzte Cratere. – Kleine basaltische Cratere mit Höhlen an ihren Basen. – Albemarle-Insel, flüssige Laven, ihre Zusammensetzung. – Tuff-Cratere, Neigung ihrer äuszeren divergirenden Schichten, und Structur ihrer inneren convergirenden Schichten. – James-Insel, Segment eines kleinen basaltischen Craters; Flüssigkeit und Zusammensetzung ihrer Lava-Ströme und der von ihr ausgeworfenen Fragmente. – Schluszbemerkungen über die Tuff-Cratere und über den durchbrochenen Zustand ihrer südlichen Seiten. – Mineralogische Zusammensetzung der Felsarten des Archipels. – Erhebung des Landes. – Richtung der Eruptionsspalten.

Dieser Archipel ist unter dem Äquator gelegen, in einer Entfernung von zwischen fünf- und sechshundert Meilen von der Westküste von America. Er besteht aus fünf Haupt-Inseln und mehreren kleinen, welche in Flächenausdehnung[87], aber nicht an Ausdehnung trocknen Landes, Sicilien in Verbindung mit den Jonischen Inseln entsprechen. Sie sind sämmtlich vulcanisch; auf zweien sind Cratere in Eruption gesehen worden, und auf mehreren von den andern Inseln haben Lava-Ströme ein recentes Aussehen. Die gröszeren Inseln bestehen hauptsächlich aus solidem Gestein, und sie steigen mit einem sanften Umrisz bis zu einer Höhe von zwischen ein- und viertausend Fusz aus dem Meere auf. Auf ihrer höchsten Spitze findet sich zuweilen, aber nicht allgemein, eine Hauptöffnung. Die Cratere schwanken in der Grösze von bloszen Spaltöffnungen bis zu ungeheuren, mehrere Meilen im Umfang messenden Kesseln; sie sind auszerordentlich zahlreich, so dasz ich glaube, wenn sie gezählt würden, würden sich mehr als zweitausend herausstellen: sie sind entweder aus Schlacken und Lava oder aus einem braun gefärbten Tuff zusammengesetzt; und diese letzteren Cratere sind in mehreren Beziehungen merkwürdig. Die ganze Gruppe wurde von den Officieren des ›Beagle‹ vermessen. Ich selbst habe vier von den Haupt-Inseln besucht und Handstücke und Exemplare von sämmtlichen übrigen erhalten. Unter der Überschrift der verschiedenen Inseln will ich nur das beschreiben, was mir der Beachtung werth zu sein scheint.

Fig. 11. Galapagos-Archipel.

Chatham-Insel. Aus einer eigenthümlichen Art von Tuff zusammengesetzte Cratere – Nach dem östlichen Ende dieser Insel hin kommen zwei Cratere vor, welche aus zwei Arten von Tuff zusammengesetzt sind; die eine Art ist zerreiblich, wie leicht zusammengesinterte Asche, und die andere compact und von Allem, wovon ich bis jetzt eine Beschreibung gelesen habe, ihrer Beschaffenheit nach verschieden. Diese letztere Substanz ist da, wo sie am characteristischsten auftritt, von einer gelblich-braunen Farbe, durchscheinend und mit einem, etwas an Harz erinnernden Glanze; sie ist zerbrechlich, mit einem winkligen, rauhen und sehr unregelmäszigen Bruche, zuweilen indessen unbedeutend körnig und selbst undeutlich krystallinisch; sie kann leicht mit einem Messer geritzt werden, doch sind manche Stellen gerade hart genug, um gewöhnliches Glas eben zu zeichnen; sie schmilzt mit Leichtigkeit zu einem schwärzlich-grünen Glase. Die Masse enthält zahlreiche zerbrochene Krystalle von Olivin und Augit und kleine Stückchen schwarzer und brauner Schlacken: sie wird häufig von dünnen Säumen kalkiger Substanz quer durchsetzt. Sie bietet meistens eine knotige oder concretionäre Structur dar. In einem Handstück würde man diese Substanz sicher irrthümlich für eine blasse und eigenthümliche Varietät von Pechstein halten; sieht man sie aber in Masse, so geben ihre Schichtung und die zahlreichen Lagen von basaltischen Fragmenten, sowohl eckigen als abgerundeten, sofort ihren unter Wasser erfolgten Ursprung deutlich zu erkennen. Eine Untersuchung von einer Reihe von Handstücken zeigt, dasz diese harzähnliche Substanz das Resultat einer chemischen Umwandlung an kleinen Stückchen blasser und dunkel gefärbter schlackiger Gesteine ist; diese Veränderung konnte man deutlich in verschiedenen Stufen rings um die Ränder selbst eines und des nämlichen Stückchens verfolgen. Die Lage in der Nähe der Küste von allen aus dieser Art von Tuff oder Peperino zusammengesetzten Crateren, ebenso wie ihr durchbrochener Zustand machen es wahrscheinlich, dasz sie sich alle in's Meer eingetaucht gebildet haben; in Anbetracht dieses Umstandes, in Verbindung mit der merkwürdigen Abwesenheit groszer Schichten von Asche im ganzen Archipel, halte ich es für in hohem Grade wahrscheinlich, dasz bei weitem der gröszere Theil des Tuffs aus der Zerkleinerung der grauen basaltischen Laven in der Mündung der im Meere stehenden Cratere hervorgegangen ist. Es kann gefragt werden, ob das erhitzte Wasser innerhalb dieser Cratere diese eigenthümliche Veränderung in den schlackigen Stückchen hervorgebracht und ihnen ihren durchscheinenden, harzartigen Bruch gegeben hat? Oder hat der in Gemeinschaft auftretende Kalk irgend einen Theil an dieser Veränderung gehabt? Ich stelle diese Fragen auf, weil ich auf S. Jago, in den Capverdischen Inseln, gefunden habe, dasz da, wo ein groszer Strom geschmolzener Lava über einen kalkigen Boden in das Meer geflossen ist, der alleräuszerste Überzug, welcher an andern Stellen Pechstein ähnlich ist, augenscheinlich in Folge seiner

Berührung mit dem kohlensauren Kalke in eine harzähnliche Substanz umgewandelt worden ist, genau den am characteristischsten ausgeprägten Stücken Tuff von diesem Archipel gleich[88].

Um nun zu den beiden Crateren zurückzukehren: einer von ihnen steht in einer Entfernung von einer Stunde von der Küste; der zwischenliegende Strich Landes besteht aus einem kalkigen Tuff von augenscheinlich submarinem Ursprung. Dieser Crater besteht aus einem Kreise von Hügeln, von denen einige gänzlich isolirt stehen, welche aber sämmtlich ein sehr regelmäsziges, nach auszen gerichtetes Fallen der Schichten mit einer Neigung von zwischen dreiszig und vierzig Graden zeigen. Die untern Schichten, in einer Mächtigkeit von mehreren hundert Fusz, bestehen aus dem harzähnlichen Steine mit eingeschlossenen Fragmenten von Lava. Die oberen Schichten, welche eine Mächtigkeit von zwischen dreiszig und vierzig Fusz haben, sind aus einem dünn geschichteten, feinkörnigen, harten, zerreiblichen, braun gefärbten Tuff oder Peperino[89] zusammengesetzt. Eine centrale Masse ohne irgend welche Stratification, welche früher die Höhlung des Craters eingenommen haben musz, jetzt aber nur einigen wenigen der im Umkreise stehenden Berge angeheftet ist, besteht aus Tuff, welcher in seinem Character zwischen dem mit einem harzartigen und dem mit einem erdigen Bruche mitten inne steht. Diese Masse enthält weisze kalkige Substanz in kleinen Flecken. Der zweite Crater (520 Fusz hoch) musz bis zur Eruption eines neueren groszen Lavastroms als eine besondere Insel existirt haben; ein schöner, vom Meere ausgewaschener Durchschnitt zeigt eine groszartige trichterförmige Masse von Basalt, umgeben von steilen geneigten Seitenwänden von Tuff, welcher an einigen Stellen einen erdigen, an andern einen halbharzigen Bruch hat. Der Tuff ist von mehreren breiten, senkrechten Gängen mit glatten und parallelen Seiten quer durchsetzt, von denen ich anfangs nicht zweifelte, dasz sie aus Basalt beständen, bis ich thatsächlich Fragmente losbrach. Indessen bestehen diese Gänge aus Tuff ähnlich dem der umgebenden Schichten, nur ist er compacter und von glätterem Bruch; wir müssen daher schlieszen, dasz Spalten gebildet und mit dem feineren Schlamm oder Tuff aus dem

Crater erfüllt wurden, ehe sein Inneres, wie es jetzt der Fall ist, von einem erstarrten See von Basalt eingenommen wurde. Andere Spalten, parallel diesen eigenthümlichen Gängen, sind später noch gebildet und blosz mit losem Abfall ausgefüllt worden. Die Umwandlung der Gesteinsmasse von gewöhnlichen schlackigen Stückchen an bis zur Substanz mit einem halbharzigen Bruche konnte an einzelnen Partien des compacten Tuffs dieser Gänge deutlich verfolgt werden.

Fig. 12. Der Kicker-Felsen.

In einer Entfernung von einigen wenigen Meilen von diesen beiden Crateren steht der Kicker-Felsen oder -Insel, wegen seiner eigenthümlichen Form merkwürdig. Er ist nicht geschichtet und besteht aus compactem Tuff, welcher stellenweise den harzähnlichen Bruch hat. Wahrscheinlich hat diese amorphe Masse, wie jene ähnliche Masse in dem zuerst beschriebenen Falle früher einmal die mittlere Höhlung eines Craters erfüllt, dessen Seiten oder sich abdachenden Wandungen seitdem von dem Meere, in welchem sie ganz exponirt dasteht, weggewaschen worden sind.

Kleine basaltische Cratere – Ein kahler, wellenförmig bewegter Strich Landes am östlichen Ende von Chatham-Insel ist merkwürdig wegen der groszen Zahl, groszen Nähe und Form der kleinen basaltischen Cratere, mit denen er dicht besetzt ist. Sie bestehen entweder aus einem bloszen conischen Haufen oder, indessen weniger häufig, aus einem Kreise von schwarzen und rothen, glänzenden Schlacken, welche theilweise miteinander verkittet sind. Sie schwanken im Durchmesser von 30 bis 150 Yards und erheben sich von ungefähr 50 bis 100 Fusz über das Niveau der umgebenden Ebene. Von einer kleinen Erhöhung aus zählte ich sechzig solcher Cratere, von denen alle näher als eine Drittel-Meile aneinander standen, und viele waren einander noch näher. Ich masz die Entfernung zwischen zwei sehr kleinen Crateren und fand, dasz sie von dem Gipfelrande des einen bis zum Rande des andern nur dreiszig Yards betrug. Kleine Ströme schwarzer, basaltischer Lava, welche Olivin und viel glasigen Feldspath enthält, sind von vielen, aber nicht von allen diesen Crateren ausgeflossen. Die Oberflächen der neueren Ströme waren auszerordentlich zerrissen und waren durch grosze Spalten quer durchsetzt; auch waren sie sämmtlich in vollständiger Confusion miteinander verschmolzen und durcheinander gemengt. Indessen bezeichnete das verschiedene Wachsthum der Bäume auf den Strömen deutlich ihr verschiedenes Alter. Ohne diesen letzteren Umstand hätten die einzelnen Ströme nur in wenig Fällen unterschieden werden können; in Folge dessen könnte man diesen weiten wellenförmigen Strich (wie es wahrscheinlich bei vielen solchen Strichen geschehen ist) irrthümlich als von einer einzigen groszen Überfluthung von Lava gebildet betrachten, anstatt von einer Menge kleiner, aus vielen kleinen Öffnungen ausgebrochener Ströme.

An mehreren Stellen dieses Landstrichs, und ganz besonders am Fusze der kleinen Cratere finden sich kreisförmige Gruben mit senkrechten Wandungen und von zwanzig bis vierzig Fusz tief. Am Fusze eines kleinen Craters waren drei solcher Gruben vorhanden. Sie sind wahrscheinlich durch das Einstürzen des Dachs kleiner Höhlen gebildet worden[90]. An andern Stellen finden sich halbkuglige Hügel, welche groszen Lavablasen ähnlich sind, und deren Gipfel von unregelmäsziigen Sprüngen gespalten sind; diese scheinen, nach dem Versuch in sie einzudringen, sehr tief; Lava ist aus diesen Hügeln nicht ausgeflossen. Es finden sich auch noch andere sehr regelmäszige halbkugelige Hügel, die aus stratificirter Lava zusammengesetzt sind und auf deren Gipfel kreisförmige

Höhlen mit steilen Seiten sich finden, welche, wie ich vermuthe, durch eine Gasmasse gebildet worden sind, welche zuerst die Schichten zu einem blasenähnlichen Hügel aufwölbten und dann ihren Gipfel absprengten. Diese verschiedenen Arten von Hügeln und Gruben, ebenso wie die zahlreichen kleinen, schlackigen Cratere, alles dies weist darauf hin, dasz dieser Strich Landes beinahe wie ein Sieb durch den Austritt erhitzter Dämpfe durchlöchert worden ist. Die regelmäszigeren Hügel können nur aufgehäuft worden sein, während sich die Lava in einem erweichten Zustande befand[91].

Albemarle-Insel. – Diese Insel besteht aus fünf groszen, platt-gipfeligen Crateren, welche, zusammen mit dem einen auf der benachbarten Insel Narborough, einander in eigenthümlicher Weise in Form und Höhe ähnlich sind. Der südliche ist 4700 Fusz hoch, zwei andere sind 3720 Fusz hoch, ein dritter nur 50 Fusz höher, und die noch übrigen dem Anscheine nach von derselben Höhe. Drei von diesen sind in einer Linie gelegen, und ihre Cratere erscheinen in nahezu der nämlichen Richtung verlängert. Der nördliche Crater, welcher nicht der gröszte ist, ergab durch Triangulation für seinen äuszern Durchmesser ein Masz von nicht weniger als drei und ein Achtel Meilen. Über die Mündungsränder dieser groszen, breiten Kessel und aus kleinen Öffnungen in der Nähe ihrer Gipfel sind grosze Fluthen schwarzer Lava ihre nackten Seiten hinab geflossen.

Flüssigkeitszustand verschiedener Laven. – Aus der Nähe von Tagus oder Banks' Cove untersuchte ich einen dieser groszen Ströme von Lava, welche wegen der deutlichen Beweise für den hohen Grad ihrer früheren Flüssigkeit, besonders wenn man ihre Zusammensetzung in Betracht zieht, merkwürdig ist. In der Nähe der Meeresküste ist dieser Strom mehrere Meilen breit. Die Lava besteht aus einer schwarzen compacten Basis, welche leicht zu einer schwarzen Perle schmilzt, winklige und nicht sehr zahlreiche Luftblasen enthält und dicht mit groszen, zerbrochenen Krystallen von glasigem Albit[92], die im Durchmesser von einem Zehntel bis zu einem halben Zoll schwanken, durchsetzt ist. Obgleich diese Lava auf den ersten Blick auffallend porphyrartig zu sein scheint, so kann sie doch nicht eigentlich als solche angesehen werden, denn die Krystalle sind offenbar von der Lava eingehüllt, abgerundet und durchdrungen worden, wie Bruchstücke eines fremdartigen Gesteins in einem Trappgange. Dies war sehr deutlich an einigen Handstücken einer ähnlichen Lava von Abingdon-Insel, an welcher der einzige Unterschied der war, dasz die Bläschen sphärisch und zahlreicher waren. Der Albit in diesen Laven findet sich in einem ähnlichen Zustande wie der Leucit vom Vesuv und wie der Olivin, welchen L. von Buch[93] als in groszen Kugeln aus dem Basalt von Lanzarote vorspringend beschreibt. Auszer dem Albit enthält diese Lava zerstreute Körner eines grünen Minerals ohne deutliche Spaltflächen und dem Olivin auszerordentlich ähnlich[94]; da es aber leicht zu einem grünen Glase schmilzt, gehört es wahrscheinlich zur Familie des Augit: indessen enthält auf der James-Insel eine ähnliche Lava echten Olivin. Ich erhielt Handstücke von der wirklichen Oberfläche und aus einer Tiefe von vier Fusz; sie waren aber in keinerlei Beziehung verschieden. Der beträchtliche Grad von Flüssigkeit dieses Lavastroms gieng sofort daraus hervor, dasz seine Oberfläche glatt und sanft abfallend war, ferner aus der Art und Weise, in welcher der Hauptstrom durch kleine Unebenheiten in kleine Bäche getheilt war, und besonders aus der Art, in welcher seine Ränder, eine grosze Strecke weit unterhalb seiner Ausgangsquelle und wo er schon in einem gewissen Grade abgekühlt gewesen sein musz, sich zu fast gar Nichts verdünnten: der Rand selbst bestand factisch aus losen Fragmenten, von denen wenige gröszer als ein Mannskopf waren. Der Contrast zwischen diesem Rande und den steilen, über zwanzig Fusz hohen Wänden, welche viele von den basaltischen Strömen auf Ascension begrenzen, ist sehr merkwürdig. Es ist allgemein angenommen worden, dasz Laven, welche auszerordentlich reich an grossen Krystallen sind und winkelige Höhlungen enthalten[95], nur geringe Flüssigkeit besessen haben; wir sehen aber, dasz sich die Sache auf der Albemarle-Insel verschieden verhalten hat. Der Flüssigkeitsgrad bei verschiedenen Laven scheint keiner a n s c h e i n e n d e n entsprechenden Grösze der Verschiedenheit in ihrer Zusammensetzung zu entsprechen: auf Chatham-Insel sind einige, viel glasigen Albit und etwas

Olivin enthaltende Ströme so zerklüftet, dasz sie mit einem während eines Sturmes gefrornen Meere verglichen werden können; während der grosze Strom auf der Albemarle-Insel beinahe so glatt ist, wie die Oberfläche eines durch eine leichte Brise gekräuselten Sees. Auf James-Insel bietet schwarze basaltische Lava, die sehr reich an kleinen Olivin-Körnern ist, einen mittleren Grad von Rauhheit der Fläche dar; ihre Oberfläche ist glänzend und die losgelösten Fragmente sind in einer höchst merkwürdigen Weise Faltungen einer Draperie, Tauen und Stücken von Baumrinde ähnlich[96].

Tuff-Cratere. – Ungefähr eine Meile südlich von Banks' Cove liegt ein schöner elliptischer Crater, ungefähr 500 Fusz tief und drei Viertel Meile im Durchmesser. Seinen Grund nimmt ein See von Salzwasser ein, aus welchem einige kleine craterförmige Hügel von Tuff hervorragen. Die untern Schichten werden aus compactem Tuff gebildet, welche wie eine unter Wasser erfolgte Ablagerung erscheinen, während die obern Schichten, rings um den ganzen Umfang, aus einem harten, zerreiblichen Tuff von geringem specifischen Gewicht bestehen, aber häufig Gesteinsfragmente in Lagern enthalten. Dieser obere Tuff enthält zahlreiche pisolithische Kugeln, ungefähr von der Grösze kleiner Flintenkugeln, welche von der umgebenden Substanz nur darin verschieden sind, dasz sie unbedeutend härter und feinkörniger sind. Die Schichten fallen sehr regelmäszig nach allen Seiten hin ab, unter Winkeln, welche, wie ich durch Messung gefunden habe, zwischen 25 und 30 Grad schwanken. Die äuszere Oberfläche des Craters dacht sich mit einer nahezu ähnlichen Neigung ab; sie wird aus unbedeutend convexen Rippen gebildet, ähnlich denen auf den Schalen einer Kamm- oder Pilgrimsmuschel, welche in dem Masze, als sie sich von der Mündung des Craters nach seiner Basis hin erstrecken, breiter werden. Diese Rippen sind meist von acht bis zwanzig Fusz breit, zuweilen sind sie aber selbst vierzig Fusz breit; sie sind alten, mit Mörtel beworfenen, stark abgeplatteten Gewölben ähnlich, von denen sich der Mörtel in Platten abschält: sie sind durch Hohlkehlen von einander getrennt, welche durch alluviale Einwirkung weiter vertieft sind. An ihrem obern und schmälern Ende in der Nähe der Mündung des Craters bestehen diese Rippen häufig aus wirklichen hohlen Gängen, ähnlich denjenigen, aber im Ganzen kleiner als die, welche häufig durch das Abkühlen der Rinde eines Lavastroms gebildet werden, während die innern Theile noch weiter geflossen sind: – Beispiele einer derartigen Structur habe ich viel auf Chatham-Insel gesehen. Es kann daran kein Zweifel sein, dasz diese hohlen Rippen oder gewölbten Stellen in einer ähnlichen Weise gebildet worden sind, nämlich durch das Sich-setzen und Erhärten einer oberflächlichen Rinde auf Schlammströmen, welche vom obern Theil des Craters herabgeflossen sind. An einer andern Stelle desselben Craters sah ich offene concave Canäle, zwischen einem und zwei Fusz breit, welche augenscheinlich durch das Hartwerden der unteren Fläche eines Schlammstroms, anstatt wie im vorhergehenden Falle der oberen Fläche, gebildet worden sind. Nach diesen Thatsachen ist es, wie ich meine, sicher, dasz der Tuff als Schlamm geflossen sein musz[97]. Dieser Schlamm kann sich entweder innerhalb des Craters oder aus Aschenmassen gebildet haben, welche an seinen obern Theilen abgelagert und später von Regenströmen nach unten gewaschen worden sind. Die erstere Bildungsart scheint in den meisten Fällen die wahrscheinlichere zu sein; indessen erstrecken sich auf James-Insel einige Schichten der zerreiblichen Tuffart so continuirlich über eine unebene Oberfläche, dasz sie sich wahrscheinlich durch das Fallen von Aschenschauern gebildet haben.

Innerhalb dieses nämlichen Craters stoszen Schichten eines groben, hauptsächlich aus Lavafragmenten zusammengesetzten Tuffs, wie eine fest gewordene Böschung, an die inneren Wandungen. Sie erheben sich bis zu einer Höhe von zwischen 100 und 150 Fusz über die Oberfläche des inneren Salzwasser-Sees; sie fallen nach innen ein und sind unter einem von 30 bis 36 Grad schwankenden Winkel geneigt. Sie scheinen unter Wasser gebildet worden zu sein, wahrscheinlich zu einer Zeit, wo das Meer die Höhlung des Craters einnahm. Es überraschte mich zu beobachten, dasz Schichten, welche eine solche bedeutende Neigung haben, sich, so weit sie verfolgt werden konnten, nach ihrem untern Ende zu nicht verdickten.

B a n k s ' C o v e – Dieser Hafen nimmt einen Theil des Innern eines zertrümmerten Tuff-Craters ein, der gröszer als der zuletzt beschriebene ist. Der ganze Tuff ist compact und schliesst zahlreiche Bruchstücke von Lava ein; er sieht aus wie eine unter Wasser erfolgte Ablagerung. Der merkwürdigste Zug in der Erscheinung dieses Craters ist die grosze Entwickelung von nach einwärts convergirenden Schichten, welche, wie im letzten Falle, unter einer beträchtlichen Neigung fallen und häufig in unregelmäszigen, gekrümmten Lagern abgesetzt sind. Diese inneren, convergirenden Schichten, ebenso wie die eigentlichen, divergirenden craterförmigen Lager sind in der beistehenden flüchtigen, durchschnittsartigen Skizze der Vorlande (Fig. 13), welche diese Bucht bilden, dargestellt. Die inneren und äuszeren Schichten sind in ihrer Zusammensetzung nur wenig verschieden; die ersteren sind offenbar das Resultat der Abnutzung und Wiederablagerung der, die äuszeren, craterförmigen Schichten bildenden Gesteinsmasse. Wegen der bedeutenden Entwickelung dieser inneren Schichten könnte sich Jemand, welcher an dem Rande dieses Craters herumgeht, auf einen kreisförmigen anticlinischen Sattel von geschichtetem Sandstein und Conglomerat versetzt vorstellen. Das Meer nagt sowohl die inneren als äuszeren Schichten weg, besonders die letzteren, so dasz die nach innen convergirenden Schichten vielleicht in einer künftigen Zeit allein stehen gelassen werden, ein Fall, welcher einen Geologen anfangs verwirren dürfte[98].

Fig. 13. Eine durchschnittartige Skizze der Banks' Cove bildenden Vorberge, um die divergirenden craterförmigen Schichten und die innere convergirende geschichtete Böschung zu zeigen. Der höchste Punkt dieser Berge ist 817 Fusz über dem Meeresspiegel.

James-Insel. − Zwei Tuff-Cratere auf dieser Insel sind die einzig übrigen, welche irgend einer Erwähnung bedürfen. Einer derselben liegt anderthalb Meile landeinwärts von Puerto-Grande; er ist kreisförmig, ungefähr eine Drittel Meile im Durchmesser und 400 Fusz tief. Er weicht von allen Tuff-Crateren, welche ich untersucht habe, darin ab, dasz der untere Theil seiner Höhlung, bis zu einer Höhe von zwischen 100 und 150 Fusz, von einer steil abfallenden Mauer von Basalt gebildet wird, was dem Crater das Ansehen gibt, als sei er durch solide Felsflächen durchgebrochen. Der obere Theil dieses Craters besteht aus Schichten des umgewandelten Tuffs mit harzähnlichem Bruche. Seinen Boden nimmt ein seichter See von Salzlake ein, Schichten von Salz bedeckend, welche auf tiefem, schwarzem Schlamm aufliegen. Der andere Crater liegt einige wenige Meilen davon entfernt und ist nur wegen seiner Grösze und seines vollkommenen Zustandes merkwürdig. Sein Gipfel ist 1200 Fusz über dem Meeresspiegel hoch, und die innere Höhle ist 600 Fusz tief. Seine äuszere abfallende Fläche bot wegen der Glätte der weiszen Tuffschichten, welche einem ungeheuren gypsbekleideten Fuszboden ähnlich waren, einen merkwürdigen Anblick dar. Brattle Island ist, glaube ich, der gröszte aus Tuff gebildete Crater im Archipel; sein innerer Durchmesser beträgt nahezu eine nautische Meile. Gegenwärtig ist er in einem zerstörten Zustande, nach Süden hin offen und besteht aus wenig mehr als einem halben Kreise; seine bedeutende Grösze ist wahrscheinlich zum Theil das Resultat einer inneren Zerstörung durch die Einwirkung des Meeres.

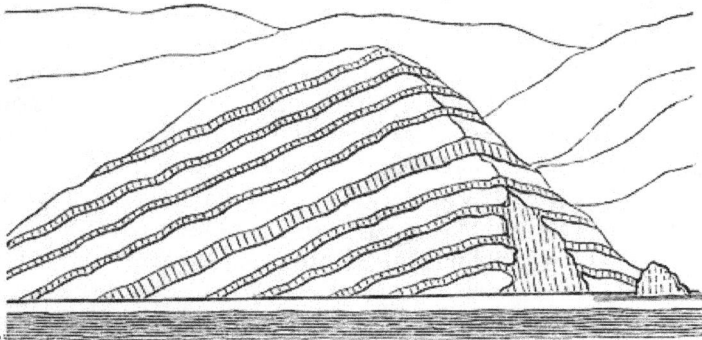

Fig. 14. Segment einer sehr kleinen Eruptionsöffnung am Strande der Süszwasser-Bucht.

Segment eines kleinen basaltischen Craters. – Die eine Seite der Süszwasser-Bucht (Freshwater-Bay) wird von einem Vorgebirge gebildet, welches den letzten Überrest eines groszen Craters darstellt. Am Strandende dieses Vorgebirges ist ein quadrant-förmiges Segment eines kleinen untergeordneten Eruptionspunktes bloszgestellt. Es besteht aus neun einzelnen kleinen, aufeinander gehäuften Lavaströmen und aus einer unregelmäszigen, ungefähr fünfzehn Fusz hohen Säule eines röthlich braunen, blasigen Basalts, welcher auszerordentlich reich an groszen Krystallen glasigen Albits und an geschmolzenem Augit ist. Diese Säule und einige benachbarte Gesteinshügel am Strande stellen die Axe des Craters dar. Die Lavaströme können in einer kleinen, senkrecht zur Küste stehenden Schlucht zwischen zehn und fünfzehn Yards lang verfolgt werden, bis sie unter Detritus verborgen werden; dem Strande entlang sind sie in einer Länge von nahezu achtzig Yards sichtbar; ich glaube auch nicht, dasz sie sich viel weiter erstrecken. Die drei unteren Ströme sind mit der Säule in Verbindung und sind an dem Vereinigungspunkte (wie in der beistehenden, an Ort und Stelle gemachten flüchtigen Skizze zu sehen ist) unbedeutend gebogen, als wären sie gerade im Begriffe, über

141

den Rand des Craters überzuflieszen. Die oberen sechs Ströme waren ohne Zweifel ursprünglich mit dieser selben Säule verbunden, ehe dieselbe vom Meere abgenagt wurde. Die Lava dieser Ströme ist von einer ähnlichen Zusammensetzung wie die der Säule, ausgenommen, dasz die Albitkrystalle stärker zertrümmert sind und dasz die Körner von geschmolzenem Augit fehlen. Jeder Strom ist von dem darüber liegenden durch eine, einige wenige Zolle bis höchstens einen oder zwei Fusz mächtige Schicht loser, bruchstückartiger Schlacken getrennt, welche allem Anscheine nach von einer Abreibung der Ströme, wie sie über einander hingiengen, herrühren. Diese sämmtlichen Ströme sind wegen ihrer Dünne sehr merkwürdig. Ich habe mehrere von ihnen sorgfältig gemessen; einer derselben war acht Zoll dick, war aber oben drei Zoll, unten gleichfalls drei Zoll, fest von einem rothen schlackenartigen Gestein überzogen (was bei allen den Strömen der Fall ist); und dies ergibt eine Gesammtdicke von vierzehn Zoll: diese Länge wurde völlig gleichmäszig der ganzen Länge des Durchschnitts nach eingehalten. Ein zweiter Strom war nur acht Zoll dick, mit Einschlusz der oberen und unteren schlackigen Fläche. Bis ich diesen Durchschnitt untersucht hatte, hatte ich es nicht für möglich gehalten, dasz Lava in solch gleichförmig dünnen Schichten über eine durchaus nicht glatte Fläche hätte flieszen können. Diese kleinen Lavaströme sind in ihrer Zusammensetzung jener groszen Überfluthung von Lava auf Albemarle-Insel äuszerst ähnlich, welche gleichfalls einen hohen Grad von Leichtflüssigkeit besessen haben musz.

Scheinbar fremdartige Auswürflinge – In der Lava und in den Schlacken dieses kleinen Craters fand ich mehrere Bruchstücke, welche wegen ihrer eckigen Form, ihrer körnigen Structur und ihres Freiseins von Luftblasen, sowie wegen ihres zerbrechlichen und verbrannten Zustandes jenen Bruchstücken von primären Gesteinsarten auszerordentlich ähnlich waren, welche gelegentlich, wie auf Ascension, von Vulcanen ausgeworfen werden. Diese Fragmente bestehen aus stark abgeriebenem, glasigem Albit mit sehr unvollkommenen Spaltflächen, untermischt mit halb abgerundeten Körnern eines stahlblauen Minerals mit trübe glänzender Oberfläche. Die Albitkrystalle sind von einem rothen Eisenoxyd überzogen, welches wie eine niedergeschlagene Substanz aussieht; auch ihre Spaltungsebenen sind zuweilen durch äuszerst feine Schichten dieses Oxyds getrennt, was den Krystallen das Ansehen gibt, als wären sie mit Linien eingetheilt wie ein Glas-Micrometer. Es war kein Quarz vorhanden. Das stahlblaue Mineral, welches in der Basaltsäule auszerordentlich reichlich vorhanden ist, aber in den von der Säule ausgehenden Strömen verschwindet, hat ein geschmolzenes Ansehen und bietet nur selten auch nur eine Spur von Spaltung dar; es gelang mir indessen, eine Messung zu machen, aus welcher hervorgieng, dasz es Augit war; und an einem andern Fragmente, welches von den andern darin abwich, dasz es unbedeutend zellig war und allmählich in die umgebende Grundmasse übergieng, waren die Körner des Minerals ziemlich gut krystallisirt. Obgleich ein so groszer Unterschied in der äuszern Erscheinung zwischen der Lava der kleinen Ströme und besonders ihres rothen, schlackenartigen Überzugs, und diesen eckigen, ausgeworfenen Fragmenten besteht, welche auf den ersten Blick leicht für Syenit gehalten werden können, so glaube ich doch, dasz die Lava durch das Schmelzen und Fortbewegen einer Gesteinsmasse entstanden ist, welche eine absolut ähnliche Zusammensetzung wie diese Fragmente besessen hat. Auszer dem oben erwähnten Exemplar, an welchem wir sehen, wie ein solches Fragment unbedeutend zellig wurde und in die umgebende Grundmasse übergieng, wird auch bei manchen Körnern des stahlblauen Augits die Oberfläche sehr fein blasig und ihre Beschaffenheit geht in die der umgebenden Masse über; andere Körner befinden sich in einem intermediären Zustande. Die Grundmasse scheint aus Augit zu bestehen, welcher vollkommener geschmolzen oder, noch wahrscheinlicher, nur durch die Bewegung der Masse in seinem erweichten Zustande aufgerührt und mit dem Eisenoxyd und fein zerkleinerten glasigen Albit untermengt ist. Wahrscheinlich rührt es daher, dass der geschmolzene Augit, welcher in der Basaltsäule so reichlich vorhanden ist, in den Strömen verschwindet. Der Albit ist in der Lava und in den eingeschlossenen Fragmenten in genau demselben Zustand, ausgenommen, dass die meisten

Krystalle kleiner sind; in den Bruchstücken erscheinen sie aber weniger reichlich: dies wird indessen die natürliche Folge des Aufschwellens der augitischen Grundmasse und ihrer davon abhängigen scheinbaren Massenzunahme sein. Es ist interessant, in dieser Weise die Schritte zu verfolgen, durch welche ein compactes, körniges Gestein in eine blasige, scheinbar porphyrartige Lava und schlieszlich in rothe Schlacke umgewandelt wird. Die Structur und Zusammensetzung der eingeschlossenen Fragmente zeigen, dasz sie Theile sind entweder von einer Masse primären Gesteins, welches durch vulcanische Einwirkung einer bedeutenden Veränderung unterlegen hat, oder noch wahrscheinlicher, von der Rindenschicht einer abgekühlten und krystallirten Lavamasse, welche später zerbrochen und wieder flüssig gemacht wurde: die Rinde wird von der sich erneuernden Hitze und Bewegung weniger beeinfluszt worden sein.

S c h l u s z b e m e r k u n g e n   ü b e r   d i e   T u f f - C r a t e r e. – Diese Cratere bieten wegen der eigenthümlichen Beschaffenheit der harzartigen Substanz, welche in groszem Umfang sich an ihrer Zusammensetzung betheiligt, wegen ihrer Structur, ihrer Grösze und Anzahl einen der alleraufallendsten Züge in der Geologie dieses Archipels dar. Die grosze Mehrzahl derselben bildet entweder besondere Inseln oder an gröszere Inseln angeheftete Vorgebirge; und diejenigen unter ihnen, welche jetzt in einer geringen Entfernung vom Ufer liegen, sind abgerieben und durchbrochen, so wie es durch die Einwirkung des Meeres geschieht. Nach diesen allgemeinen Verhältnissen ihrer Lage und nach der geringen Menge von ausgeworfener Asche auf allen Theilen des Archipels werde ich zu der Folgerung geführt, dass der Tuff hauptsächlich durch das gegenseitige Abreiben von Lavafragmenten innerhalb activer Cratere, welche mit dem Meere communicirten, hervorgebracht worden ist. In der Entstehungsweise und der Zusammensetzung des Tuffs und in dem häufigen Vorkommen eines centralen Sees von Salzlauge oder von Salzschichten sind diese Cratere, obschon in einem colossalen Maszstabe, den »Salsen« oder Schlammhügeln ähnlich, welche in einigen Theilen von Italien und in andern Ländern häufig vorkommen[99].

Indessen wird ihr innigerer Zusammenhang mit gewöhnlicher vulcanischer Thätigkeit auf diesem Archipel durch die Lachen von festgewordenem Basalt erwiesen, von denen sie zuweilen erfüllt sind.

Es erscheint auf den ersten Blick sehr merkwürdig, dasz bei den sämmtlichen aus Tuff gebildeten Crateren die südlichen Seiten entweder ganz niedergebrochen und vollständig entfernt, oder viel niedriger sind als die andern Seiten. Ich habe achtundzwanzig solcher Cratere gesehen und Beschreibungen von ihnen erhalten; von diesen bilden zwölf besondere Inseln[100] und existiren jetzt nur noch als blosze halbmondförmige, nach dem Süden offene Bogen, gelegentlich mit einigen vorragenden Felsspitzen, welche ihren früheren Umfang andeuten; von den übrigen sechszehn bilden einige Vorgebirge und andere stehen in einer geringen Entfernung vom Ufer landeinwärts; bei allen aber ist die südliche Seite entweder die niedrigste oder sie ist gänzlich zusammengebrochen. Bei zweien von diesen sechszehn war indessen auch die nördliche Seite niedrig, während die östliche und westliche Seite vollständig waren. Ich habe auch nur von einer einzigen Ausnahme von der Regel, dasz diese Cratere auf der Seite, welche nach einem zwischen Südost und Südwest gelegenen Punkte des Horizontes hingerichtet ist, eingestürzt oder niedrig sind, weder etwas gesehen noch gehört. Diese Regel gilt nicht für Cratere, welche aus Lava und Schlacke zusammengesetzt sind. Die Erklärung ist einfach: auf diesem Archipel fallen die durch die Passatwinde hervorgerufenen Wellen und der von den weiter entfernten Theilen des offenen Oceans fortgepflanzte Wogenschwall in der Richtung zusammen (was an vielen Stellen des stillen Oceans nicht der Fall ist), und beide greifen nun mit verbundenen Kräften die südliche Seite sämmtlicher Inseln an; in Folge dessen ist der südliche Abhang, selbst wenn er gänzlich aus hartem, basaltischem Gestein gebildet wird, ausnahmslos steiler als der nördliche Abhang. Da die Tuff-Cratere aus einem weichen Material zusammengesetzt sind und da wahrscheinlich alle, oder beinahe alle, in einer gewissen Periode im Meere eingetaucht gestanden haben, so dürfen wir uns nicht wundern, dasz sie auf ihren stärker exponirten Seiten ausnahmslos die Wirkungen dieser mächtigen, denudirenden Kraft darbieten.

Nach dem stark abgenutzten Zustande vieler dieser Cratere zu urtheilen, ist es wahrscheinlich, dasz manche ganz und gar fortgewaschen worden sind. Da wir keinen Grund haben, zu vermuthen, dasz die aus Schlacken und Lava gebildeten Cratere zur Eruption gelangten während sie im Meer standen, so können wir auch einsehen, weshalb jene Regel nicht für sie gilt. Auf Ascension zeigte es sich, dasz die Mündungen der Cratere, welche dort sämmtlich terrestrischen Ursprungs sind, von den Passatwinden afficirt worden sind. Dieselbe Kraft könnte auch dazu beitragen, die nach dem Winde zu gelegene und exponirte Seite einiger dieser Cratere ursprünglich zur niedrigsten zu machen.

M i n e r a l o g i s c h e   Z u s a m m e n s e t z u n g   d e r G e s t e i n e. – Auf den nördlichen Inseln scheinen die basaltischen Laven allgemein mehr Albit zu enthalten, als in der südlichen Hälfte des Archipels; es enthalten aber beinahe sämmtliche Ströme etwas. Der Albit ist nicht selten mit Olivin verbunden. An keinem einzigen Exemplar beobachtete ich deutlich unterscheidbare Krystalle von Hornblende oder Augit; ich nehme dabei die geschmolzenen Körner in den ausgeworfenen Bruchstücken und in der Basaltsäule des oben beschriebenen kleinen Craters aus. Ich bin auf kein einziges Exemplar echten Trachyts gestoszen; es sind zwar manche von den blässeren Laven, wenn sie sehr reich an groszen Krystallen des harten und glasigen Albits sind, in einem gewissen Grade diesen Gesteinen ähnlich; aber in allen Fällen schmilzt die Grundmasse zu einem schwarzen Schmelz. Schichten von Asche und weit ausgeworfenen Schlacken fehlen, wie früher angegeben wurde, beinahe ganz; auch habe ich nicht ein Bruchstück von Obsidian oder Bimsstein gesehen. L. VON BUCH[101] glaubt, dasz das Fehlen von Bimsstein am Aetna eine Folge davon ist, dasz der Feldspath zu der Varietät des Labrador-Feldspaths gehört; wenn das Vorhandensein von Bimsstein von der Zusammensetzung des Feldspaths abhängt, so wäre es merkwürdig, dasz er auf diesem Archipel gar nicht, und auf der Cordillera in Süd-America so reichlich vorhanden ist, da in diesen beiden Gegenden der Feldspath zu der Varietät des Albit-Feldspaths gehört. In Folge des Fehlens von Aschenmassen und wegen des im Allgemeinen unzersetzlichen Characters der Lava auf diesem Archipel werden die Inseln nur langsam mit einer ärmlichen Vegetation bekleidet und die ganze Scenerie hat ein desolates und schauriges Ansehen.

Erhebung des Landes – Beweise für das Emporsteigen des Landes sind dürftig und unvollkommen. Auf Chatham-Insel beobachtete ich einige grosze Lava-Blöcke, welche durch kalkige Substanz verkittet waren und recente Muscheln enthielten; sie kamen aber nur in der Höhe von einigen wenigen Fuszen oberhalb der Fluthgrenze vor. Einer von den Officieren gab mir einige Muschelfragmente, welche er mehrere hundert Fusz über dem Meeresspiegel in dem Tuff von zwei, von einander entfernt liegenden Crateren eingeschlossen gefunden hatte. Es ist möglich, dasz diese Fragmente in ihre gegenwärtige Höhe mit einer Schlammeruption gebracht worden sind; da sich aber in einem Falle zerbrochene und beinahe eine Schicht bildende Austernschalen in ihrer Gesellschaft fanden, so ist es wahrscheinlicher, dasz der Tuff mit den Muscheln in Masse emporgehoben wurde. Die Exemplare sind so unvollkommen, dasz sie nur als zu recenten marinen Gattungen gehörend wiedererkannt werden können. Auf Charles-Insel beobachtete ich eine Reihe groszer abgerundeter Blöcke, welche auf dem Gipfel einer verticalen Klippe in der Höhe von fünfzehn Fusz oberhalb der Linie, bis zu welcher die Wirkung des Meeres während der heftigsten Stürme reicht, aufgehäuft waren. Dies schien auf den ersten Blick einen guten Beweis zu Gunsten der Ansicht von der Erhebung des Landes darzubieten; es war dies aber eine völlige Täuschung; denn später habe ich an einem benachbarten Theile dieser nämlichen Küste gesehen und es von Augenzeugen gehört, dasz überall da, wo ein neuer Lavastrom eine glatte geneigte Fläche bildet, welche in das Meer eintritt, die Wellen während der Stürme die Kraft haben, abgerundete Blöcke bis zu einer bedeutenden Höhe aufzurollen, höher als die Linie ihrer gewöhnlichen Wirkung liegt. Da die kleine Klippe in dem vorliegenden Fall von einem Lavastrom gebildet wird, welcher, ehe er durch Abnagen mit seinem Ende zurücktrat, in das Meer mit einer sanft abfallenden Fläche eintrat, so ist es möglich, oder vielmehr wahrscheinlich, dasz die

147

abgerundeten, jetzt auf seinem Gipfel liegenden Blöcke einfach die Überreste von denen sind, welche während der Stürme bis zu ihrer gegenwärtigen Höhe h i n a u f g e r o l l t wurden.

R i c h t u n g   d e r   E r u p t i o n s s p a l t e n. – Man kann die vulcanischen Mündungen auf dieser Gruppe nicht als ganz ordnungslos zerstreut betrachten. Drei grosze Cratere auf Albemarle-Insel bilden eine wohlausgeprägte Linie, welche sich von Nordwest bei Nord nach Südost bei Süd erstreckt. Narborough-Insel und der grosze Crater auf dem rechteckigen Vorsprung von Albemarle-Insel bilden eine zweite parallele Reihe. Nach Osten hin bilden Hood's-Insel und die Inseln und Felsen zwischen ihr und James-Insel eine andere, nahezu parallele Reihe, welche in ihrer Verlängerung Culpepper und Wenman-Inseln trifft, die siebzig Meilen nach Norden entfernt liegen. Die andern noch weiter nach Osten liegenden Inseln bilden eine weniger regelmäszige vierte Linie. Mehrere von diesen Inseln und die Auswurfsöffnungen auf Albemarle-Insel liegen so, dasz sie gleichfalls auf eine Gruppe von im Allgemeinen parallelen Linien fallen, welche die früheren unter rechten Winkeln schneiden, so dasz hiernach die hauptsächlichsten Cratere augenscheinlich auf den Punkten liegen, wo zwei Spaltengruppen einander schneiden. Die Inseln selbst sind, mit Ausnahme von Albemarle-Insel, nicht in derselben Richtung wie die Linien verlängert, auf welchen sie stehen. Die Richtung dieser Inseln ist nahezu die nämliche, wie die, welche in einer so merkwürdigen Weise in den zahlreichen Archipelen des groszen Stillen Oceans vorherrscht. Endlich will ich noch bemerken, dasz es auf den Galapagos-Inseln nicht einen einzigen dominirenden Crater gibt, der viel höher wäre als alle die übrigen, wie man es auf vielen vulcanischen Archipelen beobachten kann: der höchste ist der grosze Wall am südwestlichen Ende von Albemarle-Insel, welcher mehrere andere in der Nähe liegende Vulcane um kaum tausend Fusz überragt.

[87] Bei dieser Messung schliesze ich die kleinen vulcanischen Inseln, Culpepper- und Wenman-Insel, aus; sie liegen siebenzig Meilen nördlich von der Gruppe. Cratere waren auf sämmtlichen Inseln des Archipels sichtbar, ausgenommen auf Towers-Insel, welche eine der niedrigsten ist; es ist indessen diese Insel aus vulcanischen

148

Gesteinen gebildet.

[88] Die Kalk enthaltenden Concretionen, von welchen ich mitgetheilt habe, dasz sie sich in einer Schicht von Asche gebildet haben, bieten in einem gewissen Grade eine Ähnlichkeit mit dieser Substanz dar, haben aber keinen harzigen Bruch. Auch auf St. Helena habe ich Adern von einer in gewisser Weise ähnlichen, compacten, aber nicht harzartigen Substanz gefunden, welche in einer Schicht von Bimsstein-Asche vorkam, augenscheinlich frei von kalkiger Substanz: in keinem von beiden Fällen kann Hitze eingewirkt haben.

[89] Diejenigen Geologen, welche den Ausdruck ›Tuff‹ auf Aschenmassen von weiszer Färbung beschränken, welche das Resultat des Zerkleinerns feldspathiger Laven sind, werden diese braun gefärbten Schichten ›Peperino‹ nennen.

[90] Élie de Beaumont hat (Mém. pour servir etc. Tom. IV. p. 113) viele »petits cirques d'éboulement« um Ätna beschrieben, unter denen von einigen der Ursprung historisch bekannt ist.

[91] Sir G. Mackenzie hat (Travels in Iceland, p. 389 bis 392) eine Lava-Ebene am Fusze des Hecla beschrieben, welche überall in grosze Blasen aufgehoben ist. Sir George gibt an, dasz diese blasige Lava die oberste Schicht bildet; dieselbe Thatsache ist von L. von Buch in Bezug auf den basaltischen Strom in der Nähe von Realejo auf Teneriffa bestätigt worden (Description des îles Canaries, p. 159). Es erscheint eigenthümlich, dasz gerade die oberen Ströme cavernös sein sollen, denn man sieht keinen Grund, warum die oberen und unteren nicht zu verschiedenen Zeiten gleichförmig afficirt worden sein können; – sind die unteren Ströme unter dem Drucke des Meeres geflossen und so nach dem Austritt von Gasmassen durch sie hindurch später abgeplattet worden?

[92] In der Cordillera von Chile habe ich Lava gesehen, welche dieser Varietät vom Galapagos-Archipel äuszerst ähnlich war. Sie enthielt indessen auszer dem Albit gut ausgebildete Krystalle von Augit, und die Basis (vielleicht in Folge der Aggregation der augitischen Theilchen) war eine Schattirung heller in der Farbe. Ich will hier bemerken, dasz ich in allen diesen Fällen die Feldspathkrystalle 'Albit' nenne, weil ihre Spaltungsebenen (mit dem Reflexions-Goniometer gemessen) denen jenes Minerals entsprachen. Da man indessen bei einer andern Species dieser Gattung neuerdings entdeckt hat, dasz sie sich in nahezu denselben Ebenen spaltet wie der Albit, so musz jene Bezeichnung nur für provisorisch betrachtet werden. Ich habe die Krystalle in den Laven vieler verschiedener Theile der Galapagos-Gruppe untersucht und gefunden, dasz keine von ihnen, mit Ausnahme einiger Krystalle von einer Stelle auf James-Insel, Spaltungsflächen von der Richtung zeigte wie Orthit oder Kali-Feldspath.

[93] Description des îles Canaries, p. 295.

[94] Humboldt erwähnt, dasz er ein, in den vulcanischen Gesteinen der Cordillera vorkommendes, grünes augitisches Mineral irrthümlich für Olivin hielt.

[95] Die unregelmäszige und winklige Form der Bläschen ist wahrscheinlich durch das ungleiche Nachgeben einer, fast in gleichen

Verhältnissen aus soliden Krystallen und einer zähflüssigen Basis bestehenden Masse verursacht. Sicherlich scheint es, wie sich auch hätte erwarten lassen, ein ganz allgemeines Verhalten zu sein, dasz in Lava, welche einen hohen Grad von Flüssigkeit, e b e n s o w i e e i n g l e i c h f ö r m i g e s K o rn besessen hat, die Bläschen innen glatt und sphärisch sind.

[96] Ein Handstück von basaltischer Lava mit einigen wenigen zerbrochenen Krystallen von Albit, was mir einer der Officiere gegeben hat, ist vielleicht der Beschreibung werth. Es besteht aus cylindrischen Ramificationen, von denen einige nur ein Zwanzigstel Zoll im Durchmesser halten und in die schärfsten Spitzen ausgezogen sind. Die Masse hat sich nicht nach Art eines Stalactiten gebildet, denn die Spitzen gehen sowohl nach oben als nach unten aus. Nur ein Vierzigstel Zoll im Durchmesser messende Kügelchen sind von einigen der Spitzen abgetropft und hängen an den nächstliegenden Zweigen. Die Lava ist blasig; die Bläschen erreichen aber nirgends die Oberfläche, welche glatt und glänzend ist. Da allgemein angenommen wird, dasz Bläschen immer in der Richtung der Bewegung der flüssigen Masse verlängert sind, so will ich bemerken, dasz in diesen cylindrischen Zweigen, welche im Durchmesser von nur einem Zwanzigstel Zoll bis zu einem Zoll schwanken, eine jede Luftblase sphärisch ist.

[97] Diese Schluszfolgerung ist von einigem Interesse, weil Mr. D u f r é n o y (Mémoires pour servir etc. Tom. IV. p. 274) aus dem Umstande, dasz Tuffschichten von augenscheinlich ähnlicher Zusammensetzung wie die hier beschriebenen unter Winkeln von zwischen 18 und 20° geneigt sind, gefolgert hat, dasz der Monte Nuovo und andere Cratere im südlichen Italien durch Erhebung gebildet worden sind. Aus den oben angeführten Thatsachen, dem gewölbten Character der einzelnen Leisten, und dem Umstand, dasz der Tuff sich nicht in horizontalen Flächen rund um diese craterförmigen Hügel ausbreitet, wird Niemand folgern, dasz diese Schichten durch Erhebung hervorgebracht worden sind; und doch sehen wir, dasz ihre Neigung über 20° beträgt und häufig bis 30° steigt. Auch die consolidirten Schichten der inneren Böschung fallen, wie sofort angegeben werden wird, unter einem Winkel von über 30 Graden.

[98] Ich glaube, dasz dieser Fall factisch auf den Azoren vorkommt, wo Dr. W e b s t e r (Description, p. 185) eine bassinförmige, kleine Insel beschrieben hat, welche aus nach innen fallenden und nach auszen von steilen, vom Meer zernagten Klippen begrenzten S c h i c h t e n von T u ff zusammengesetzt ist. D a u b e n y (on Volcanos, p. 266) vermuthet, dasz diese Höhlung durch eine kreisförmige Senkung gebildet worden sein musz. Es scheint mir viel wahrscheinlicher zu sein, dasz wir hier Schichten vor uns haben, welche ursprünglich innerhalb der Höhle eines Craters abgelagert wurden, dessen äuszere Wandungen seitdem vom Meere weggewaschen worden sind.

[99] D ' A u b u i s s o n, Traité de Géognosie, Tom. I. p. 189. Ich will hier noch erwähnen, dasz ich auf Terceira in den Azoren einen Crater von Tuff oder Peperino gesehen habe, welcher denen auf dem Galapagos-Archipel sehr ähnlich war. Nach der in F r e y c i n e t ' s Reise gegebenen Beschreibung kommen ähnliche auch auf den

Sandwich-Inseln vor; wahrscheinlich finden sich solche noch an vielen anderen Orten.

[100] Diese sind: die drei Crossman-Inselchen, von denen die größte 600 Fusz hoch ist; Enchanted Island (Bezauberte Insel); Gardner Insel (760 Fusz hoch); Champion-Insel (331 Fusz hoch); Enderby-Insel; Brattle-Insel; zwei Inselchen nahe bei Indefatigable Island, und eines nahe bei James-Insel. Ein zweiter Crater in der Nähe der James-Insel (mit einem Salzsee in seinem Centrum) hat eine Südseite, welche nur ungefähr zwanzig Fusz hoch ist, während die anderen Theile des Umfangs ungefähr 300 Fusz hoch sind.

[101] Description des îles Canaries, p. 328.

151

Sechstes Capitel.

Trachyt und Basalt. – Verbreitung der vulcanischen Inseln.

Das Einsinken von Krystallen in flüssige Lava. – Specifisches Gewicht der constituirenden Bestandtheile des Trachyt und Basalt und ihre spätere Trennung. – Obsidian. – Scheinbar nicht erfolgende Trennung der Elemente der plutonischen Gesteine. – Ursprung der Trappgänge in der plutonischen Reihe. – Verbreitung vulcanischer Inseln; ihr Vorherrschen in den groszen Oceanen. – Sie sind meist in Reihen angeordnet. – Die centralen Vulcane L. von Buch's zweifelhaft. – Vulcanische Inseln Continente umsäumend. – Alter vulcanischer Inseln und ihre Erhebung in Masse. – Eruptionen auf parallelen Spaltungslinien innerhalb einer und derselben geologischen Periode.

Über die Trennung der constituirenden Mineralien der Lava je nach ihrem specifischen Gewicht – Die eine Seite von Freshwater-Bay auf James-Insel wird von dem Rest eines im letzten Capitel erwähnten Craters gebildet, dessen Inneres von einem, ungefähr 2000 Fusz mächtigen Basaltsee ausgefüllt worden ist. Dieser Basalt ist von einer grauen Farbe und enthält viele Krystalle von glasigem Albit, welche in dem unteren, schlackigeren Theile viel zahlreicher werden. Dies steht im Widerspruch mit dem, was sich hätte erwarten lassen; denn wenn die Krystalle ursprünglich in gleicher Anzahl verbreitet gewesen wären, so würde die stärkere Anschwellung dieses unteren schlackigen Theils sie in einer geringeren Zahl haben erscheinen lassen. L. von Buch[102] hat einen Obsidian-Strom am Pik von Teneriffa beschrieben, an welchem die Feldspath-Krystalle immer zahlreicher und zahlreicher werden in dem Masze, als die Tiefe oder Mächtigkeit zunimmt, so dasz in der Nähe der unteren Fläche des Stroms die Lava selbst einem primären Gestein ähnlich wird. L. von Buch gibt ferner an, dasz Drée in seinen Experimenten über das Schmelzen von Lava gefunden hat, dasz die Feldspath-Krystalle immer die

Neigung haben, sich auf den Boden des Schmelztiegels niederzuschlagen. In diesen Fällen, meine ich, läszt sich nicht daran zweifeln[103], dasz die Krystalle in Folge ihres Gewichts untersinken. Das specifische Gewicht des Feldspaths schwankt[104] von 2,4 bis zu 2,58, während der Obsidian gewöhnlich 2,3 bis zu 2,4 zu wiegen scheint; in einem verflüssigten Zustande wird sein specifisches Gewicht wahrscheinlich noch geringer sein, was das Untersinken der Feldspath-Krystalle erleichtern wird. Auf James-Insel dürften die Albit-Krystalle, obschon sie ohne Zweifel von geringerem Gewicht sind als der graue Basalt an den Stellen, wo er compact ist, wohl leicht von gröszerem specifischen Gewichte als die aus geschmolzener Lava und Blasen von erhitztem Gas gebildete schlackenartige Masse sein.

Das Untersinken von Krystallen durch eine klebrige Substanz wie geschmolzenes Gestein, wie es nach unzweideutigen Beweisen in den Experimenten Drée's der Fall gewesen ist, ist noch weiterer Betrachtung werth, da es Licht wirft auf die Trennung der trachytischen und basaltischen Reihen von Laven. Mr. P. Scrope hat Betrachtungen über diesen Gegenstand angestellt; er scheint aber keine positiven Thatsachen, solche wie die oben angeführten, gekannt zu haben; er hat auch ein, wie es mir erscheint, sehr nothwendiges Element in der Erscheinung übersehen, – nämlich das Vorhandensein entweder des leichteren oder des schwereren Minerals in Körnern oder in Krystallen. Bei einer Substanz von unvollkommener Flüssigkeit, wie geschmolzenem Gestein, ist es kaum glaublich, dasz die einzelnen, unendlich kleinen Atome, mögen sie von Feldspath, Augit oder von irgend einem andern Mineral sein, die Kraft haben werden, durch ihr unbedeutend verschiedenes specifisches Gewicht die Reibung zu überwinden, welche durch ihre Bewegung hervorgerufen wird; wenn aber die Atome irgend eines dieser Minerale, während die übrigen flüssig blieben, zu Krystallen oder Körnchen verbunden wären, so ist es leicht zu begreifen, dasz in Folge der verringerten Reibung ihr Vermögen einzusinken oder zu schwimmen bedeutend vermehrt würde. Wenn aber andererseits die sämmtlichen Mineralbestandtheile zu derselben Zeit körnig würden, so ist es kaum möglich, wegen ihres gegenseitigen

Widerstandes, dasz dann irgend eine Trennung eintreten könnte. Eine werthvolle praktische Entdeckung, welche die Wirkung des Körnigwerdens eines einzelnen Elementes in einer flüssigen Masse, als dessen Trennung unterstützend, erläutert, ist vor Kurzem gemacht worden: wenn Blei, welches eine geringe Portion von Silber enthält, während seiner Abkühlung beständig geschüttelt wird, so wird es granulirt, und die Körner oder unvollkommenen Krystalle von nahezu reinem Blei sinken zu Boden, einen Rückstand von geschmolzenem, an Silber viel reicherem Metall zurücklassend, während, wenn die Mischung ungestört gelassen, wennschon für eine lange Zeit flüssig erhalten wird, die beiden Metalle kein Zeichen einer Trennung erkennen lassen[105]. Der einzige Nutzen des Schüttelns scheint in der Bildung einzelner Körnchen zu bestehen. Das specifische Gewicht des Silbers ist 10,4, das des Bleis 11,35; das körnig gewordene Blei, welches zu Boden sinkt, ist niemals absolut rein und die rückständige flüssige Metallmasse enthält, wenn sie am reichsten ist, nur 1/119 Silber. Da die durch die verschiedenen Proportionen der beiden Metalle verursachte Verschiedenheit des specifischen Gewichts so auszerordentlich gering ist, so wird die Trennung wahrscheinlich in einem bedeutenden Grade durch die Gewichtsverschiedenheit zwischen dem zwar körnigen, aber noch heiszen und dem flüssigen Blei unterstützt.

In Übereinstimmung mit den oben angeführten Thatsachen dürfen wir erwarten, dasz in einer, einige Zeit lang ruhig ohne irgend eine heftige Störung gelassenen Masse flüssig gewordenen vulcanischen Gesteins, wenn eines der constituirenden Mineralien zu Krystallen oder Körnchen aggregirt oder in diesem Zustande aus einer schon früher existirenden Masse eingeschlossen wird, derartige Krystalle oder Körner ihrem specifischem Gewicht entsprechend steigen oder sinken werden. Wir haben nun deutliche Beweise dafür, dasz Krystalle in viele Laven eingeschlossen worden sind, so lange der Teig oder die Grundmasse derselben flüssig blieb. Ich brauche nur als Beispiele die verschiedenen groszen, täuschend porphyrähnlichen Ströme auf den Galapagos-Inseln und die trachytischen Ströme in vielen Theilen der Welt anzuführen, in welchen wir Feldspath-Krystalle durch die Bewegung der umgebenden halbflüssigen Masse verbogen und zerbrochen finden. Laven sind hauptsächlich zusammengesetzt aus drei Varietäten von Feldspath, welche in ihrem specifischen Gewicht von 2,4 bis zu 2,74 schwanken, aus Hornblende und Augit, welche von 3,0 bis 3,4 schwanken, aus Olivin, von 3,3 bis zu 3,4 variirend, und endlich aus Eisenoxyden mit einem specifischen Gewicht von 4,8 bis 5,2. Es würden daher in eine Masse von flüssig gewordener, aber nicht stark blasiger Lava eingeschlossene Feldspath-Krystalle die Neigung haben, nach den oberen Theilen aufzusteigen, und Krystalle oder Körner der andern Mineralien, in gleicher Weise eingeschlossen, werden zu sinken neigen. Wir dürfen indessen in einem so klebrigen und zähflüssigen Material keinen irgendwie vollkommenen Grad von Trennung erreicht zu sehen erwarten. Trachyt, welcher hauptsächlich aus Feldspath mit etwas Hornblende und Eisenoxyd besteht, hat ein specifisches Gewicht von ungefähr 2,45[106], während hauptsächlich aus Augit und Feldspath, häufig mit viel Eisen und Olivin zusammengesetzter Basalt ein specifisches Gewicht von ungefähr 3,0 besitzt. Dem entsprechend finden wir, dasz, wo beiderlei Arten sowohl trachytische als basaltische Ströme aus derselben Öffnung hervorgegangen sind, die trachytischen Ströme meist zuerst zur Eruption gelangt sind, wie wir annehmen müssen in Folge des Umstandes, dasz sich die geschmolzene Lava dieser Reihe in den oberen Theilen des vulcanischen Herdes angesammelt hat. Diese Reihenfolge des Ausbruchs ist von BEUDANT, SCROPE und andern Autoren beobachtet worden; auch sind drei Beispiele hiervon in dem vorliegenden Buche mitgetheilt worden. Da indessen die späteren Eruptionen aus den meisten vulcanischen Bergen durch ihre basalen Theile durchgebrochen sind, und zwar in Folge der vermehrten Höhe und Schwere der innern Säule geschmolzenen Gesteins, so sehen wir, warum in den meisten Fällen nur die untern Seiten der centralen, trachytischen Massen von basaltischen Strömen eingehüllt sind. Die Trennung der Bestandtheile einer Lavamasse dürfte vielleicht zuweilen innerhalb des Gerüstes eines vulcanischen Berges stattfinden, wenn er hoch und von groszen Dimensionen ist, anstatt innerhalb des unterirdischen Herdes; in diesem Falle würden trachytische Ströme beinahe gleichzeitig oder in kurzen wiederkehrenden Intervallen von seinem Gipfel aus und basaltische Ströme von seinem Fusze aus ergossen werden: dies scheint auf Teneriffa stattgefunden zu haben[107]. Ich brauche nur noch weiter zu bemerken, dasz in Folge heftiger Störungen die Trennung der beiden Reihen, selbst unter im Übrigen günstigen Bedingungen, natürlicherweise häufig verhindert und gleichfalls ihre gewöhnliche Reihenfolge der Eruption umgekehrt werden wird. Wegen des hohen Grades von Flüssigkeit der meisten basaltischen Laven würden vielleicht diese in vielen Fällen die Oberfläche erreichen.

Da wir gesehen haben, dasz in dem von L. VON BUCH beschriebenen Beispiele Feldspath-Krystalle in Obsidian untersinken, in Übereinstimmung mit ihrem bekannten gröszeren specifischen Gewichte, so dürfen wir auch in jedem trachytischen District, wo Obsidian als Lava geflossen ist, zu finden erwarten, dasz er von den oberen oder höchsten Öffnungen ausgegangen ist. Dies gilt nach der Angabe L. VON BUCH's in einer merkwürdigen Weise sowohl für die Liparischen Inseln, als auch für den Pik von Teneriffa; an diesem letzteren Orte ist Obsidian niemals aus einer geringeren Höhe als 9200 Fusz geflossen. Allem Anschein nach ist Obsidian auch von den höchsten Piks der Peruanischen Cordillera ausgebrochen. Ich will nur noch weiter bemerken, dasz das specifische Gewicht des Quarzes von 2,6 zu 2,8 schwankt, und dasz er daher, wenn er in einem vulcanischen Herde vorhanden ist, keine Neigung haben wird, mit den basaltischen Grundmassen zu sinken; dies erklärt vielleicht das häufige Vorkommen und die auszerordentliche Menge dieses Minerals in den Laven der trachytischen Reihe, wie in früheren Theilen des vorliegenden Buches beschrieben wurde.

Ein Einwand gegen die vorstehend entwickelte Theorie wird vielleicht aus dem Umstande entnommen, dasz die plutonischen Gesteine nicht in zwei offenbar verschiedene Reihen von verschiedenem specifischem Gewicht getrennt werden, trotzdem sie wie die vulcanischen flüssig gewesen sind. Als Antwort darauf mag zuerst bemerkt werden, dasz wir keinen Beweis dafür haben, dasz die Atome irgend eines der constituirenden Minerale in der plutonischen Gesteinsreihe aggregirt wurden, während die andern flüssig blieben, was, wie wir nachzuweisen gesucht haben, eine beinahe nothwendige Bedingung für ihre Trennung ist; im Gegentheil haben die Krystalle meist ihre Form auf einander eingedrückt[108].

An zweiter Stelle wird die vollkommene Ruhe, in welcher aller Wahrscheinlichkeit nach die in ungeheuren Tiefen begrabenen plutonischen Massen erkaltet sind, äuszerst wahrscheinlich der Trennung ihrer mineralischen Bestandtheile in hohem Grade ungünstig sein; denn wenn die Anziehungskraft, welche während der fortschreitenden Erkaltung die Molecule der verschiedenen Mineralien zusammenzieht, mächtig genug ist, sie beisammen zu halten, so wird die Reibung zwischen solchen halbgebildeten Krystallen oder teigigen Kügelchen sehr wirksam die schwereren am Sinken und die leichteren am Aufsteigen hindern. Andererseits wird ein geringer Grad von Störung, welcher wahrscheinlich in den meisten vulcanischen Herden vorkommen wird und welcher, wie wir gesehen haben, die Trennung von Bleikörnchen aus einer Mischung von geschmolzenem Blei und Silber oder von Feldspath-Krystallen aus Lavaströmen, dadurch, dasz er die weniger vollkommen gebildeten Kügelchen zerbricht und auflöst, nicht hindert, es den vollkommneren und daher nicht zerbrochenen Krystallen gestatten, zu sinken oder zu steigen je nach ihrem specifischen Gewicht.

Obgleich unter den plutonischen Gesteinen zwei, der trachytischen und der basaltischen Reihe entsprechende, verschiedene Species nicht existiren, so vermuthe ich doch stark, dasz ein gewisser Betrag von Trennung ihrer constituirenden Bestandtheile häufig stattgefunden hat. Ich vermuthe dies, weil ich beobachtet habe, wie Gänge von Grünstein und Basalt weit ausgedehnte Granitformationen und die verwandten metamorphischen Gesteine durchsetzt haben. Ich habe niemals einen Bezirk in einer weit ausgedehnten granitischen Gegend untersucht, ohne Gänge entdeckt zu haben; ich will beispielsweise die zahlreichen Trappgänge in mehreren Bezirken von Brasilien, Chile und Australien und am Cap der Guten Hoffnung erwähnen; es kommen gleichfalls viele solche Gänge in den groszen granitischen Gebieten von Indien, im Norden von Europa und in andern Ländern vor. Woher ist nun der diese Gänge bildende Grünstein und Basalt gekommen? Haben wir, wie manche von den älteren Geologen, anzunehmen, dasz eine Trappzone gleichförmig unter der granitischen Gesteinsreihe, welche, so viel wir wissen, die Grundlagen der Erdrinde bildet, ausgebreitet vorhanden sei? Ist es nicht wahrscheinlicher, dasz diese Gänge in der Weise gebildet worden sind, dasz Spalten in die zum Theil erkalteten Gesteine der granitischen und metamorphischen Reihe eingedrungen sind und dasz die, hauptsächlich aus Hornblende bestehenden flüssigeren Theile aus letzterer ausschwitzten und in derartigen Spalten eingesogen wurden? Bei Bahia in Brasilien habe ich in einem aus Gneisz und primitivem Grünstein gebildeten Bezirke viele Gänge eines dunklen, augitischen (denn ein Krystall war sicher dies Mineral) oder Hornblende-Gestein gesehen, welche, wie mehrere Erscheinungen deutlich ergaben, gebildet worden waren, ehe die umgebende Masse fest geworden war, oder mit dieser zusammen später durchaus erweicht worden waren[109]. Auf beiden Seiten eines dieser Gänge war der Gneisz bis auf eine Entfernung von mehreren Yards von zahlreichen, gekrümmt verlaufenden Fäden oder Streifen einer dunklen Substanz durchdrungen, welche in ihrer Form den Wolken von der ›cirrhi-comae‹ genannten Classe ähnlich waren; einige wenige dieser Fäden konnten bis zu ihrer Verbindung mit dem Gang verfolgt werden. Als ich dieselben untersuchte, bezweifelte ich es, ob derartige haarähnliche und krummlinige Adern injicirt worden sein könnten, und ich vermuthe jetzt, dasz sie, anstatt vom Gange aus injicirt worden zu sein, umgekehrt dessen Nahrungszuflüsse waren. Wenn die vorstehend angeführte Ansicht von der Entstehung von Trappgängen in weit ausgedehnten granitischen Gegenden, weit entfernt von irgend einer andern Formation, als wahrscheinlich angenommen wird, so können wir, was den Fall betrifft, wo eine grosze Masse plutonischen Gesteins durch wiederholte Bewegungen in die Axe einer Bergkette eingetrieben worden ist, noch weiter annehmen, dasz dessen flüssigere, constituirende Bestandtheile in tiefe und unbekannte Abysse abflieszen dürften, um vielleicht später unter der Form entweder von injicirten Massen von Grünstein und augitischem Porphyr[110] oder von basaltischen Eruptionen an die Oberfläche gebracht zu werden. Ein groszer Theil der Schwierigkeit, welche Geologen empfunden haben, wenn sie die Zusammensetzung vulcanischer mit der der plutonischen Formation verglichen haben, wird, wie ich glaube, beseitigt, wenn wir annehmen dürfen, dasz die meisten plutonischen Massen bis zu einer gewissen Ausdehnung jene vergleichsweise schweren und leicht zu verflüssigenden Elemente durch Ausflieszen verloren haben, welche die trappartigen und basaltischen Gesteinsreihen zusammensetzen.

Über die Verbreitung vulcanischer Inseln. – Während meiner Untersuchung über Corallen-Riffe hatte ich Veranlassung die Schriften vieler Reisenden zu Rathe zu ziehen; und da wurde ich ausnahmslos von der Thatsache überrascht, dasz mit seltenen Ausnahmen die unzähligen über den ganzen Stillen, Indischen und Atlantischen Ocean hin zerstreuten Inseln entweder aus vulcanischem oder aus neuerem Corallengestein zusammengesetzt sind. Es würde langweilig sein, einen langen Catalog von sämmtlichen vulcanischen Inseln zu geben; dagegen lassen sich die Ausnahmen, welche ich gefunden habe, leicht aufzählen. Im Atlantischen Ocean haben wir St. Paul's Felsen in diesem Buche beschrieben, und die Falkland-Inseln, welche aus Quarz und Thonschiefer zusammengesetzt sind; aber diese letzteren Inseln sind von beträchtlicher Grösze und liegen nicht sehr weit von der südamericanischen Küste entfernt[111]; im Indischen Ocean bestehen die Seychellen (in einer von Madagascar aus verlängerten Linie gelegen) aus Granit und Quarz: im Stillen Ocean gehört Neu-Caledonien, eine Insel von bedeutender Grösze, (so weit bis jetzt bekannt ist) in Bezug auf ihre Gesteine zur primitiven Classe; Neu-Seeland, welches viele vulcanische Gesteine und einige active Vulcane enthält, kann wegen seiner Grösze nicht zu den kleinen Inseln gerechnet werden, welche wir jetzt in Betracht ziehen. Das Vorhandensein von einer geringen Menge nicht vulcanischen Gesteins, wie Thonschiefer auf dreien unter den Azoren[112], oder tertiärer Kalk auf Madeira, oder

Thonschiefer auf Chatham-Insel im Stillen Ocean, oder Lignit auf Kerguelen-Land, kann derartige Inseln oder Archipele, wenn sie hauptsächlich aus erumpirten Massen gebildet werden, nicht von der Classe der vulcanischen Inseln ausschlieszen.

Die Thatsache, dasz die Zusammensetzung der zahlreichen, über den groszen Ocean zerstreuten Inseln mit so seltenen Ausnahmen vulcanisch ist, ist offenbar eine Erweiterung jenes Gesetzes und die Wirkung jener nämlichen Ursachen, mögen nun dieselben chemisch oder mechanisch sein, aus denen hervorgeht, dasz eine ungeheure Majorität der jetzt thätigen Vulcane entweder als Inseln im Meere oder in der Nähe von dessen Küsten stehen. Diese Thatsache, dasz die oceanischen Inseln so allgemein vulcanisch sind, ist auch in Bezug auf die Beschaffenheit der Bergketten auf unseren Continenten interessant, welche vergleichsweise selten vulcanisch sind; und doch werden wir zu der Annahme geführt, dasz da, wo unsere Continente jetzt stehen, sich früher ein Ocean ausbreitete. Wir können fragen: erreichen vulcanische Eruptionen die Oberfläche leichter durch Spalten, welche sich während der ersten Stufen der Umwandlung des Meeresgrundes in einen Landstrich gebildet haben?

Wirft man einen Blick auf die Karten der zahlreichen vulcanischen Archipele, so sieht man, dasz die Inseln meistens entweder in einfache und doppelte oder dreifache Reihen, in Linien angeordnet sind, welche häufig in einem bedeutenden Grade gekrümmt sind[113]. Jede einzelne Insel ist entweder abgerundet oder, allgemeiner noch, in der nämlichen Richtung wie die Gruppe, in welcher sie steht, zuweilen aber auch quer zu dieser verlängert. Einige von den Gruppen, welche nicht bedeutend verlängert sind, bieten nur wenig Symmetrie in ihren Formen dar; VIRLET gibt an[114], dasz dies mit dem griechischen Archipel der Fall ist; in solchen Gruppen vermuthe ich (denn ich bin mir bewuszt, wie leicht man sich in Betreff dieser Punkte täuscht), dasz die Auswurfsöffnungen meistens in einer Linie oder in einer Gruppe kurzer paralleler Linien angeordnet sind, welche unter nahezu rechtem Winkel eine andere Linie oder Gruppe von Linien durchschneidet. Der

161

Galapagos-Archipel bietet ein Beispiel dieser Structur dar, denn die meisten Inseln und die hauptsächlichsten Öffnungen auf der gröszten Insel sind so gruppirt, dasz sie auf eine Gruppe von Linien, die ungefähr nach Nordwest bei Nord, und auf eine andere Gruppe von Linien fallen, welche ungefähr nach Südwest bei West gerichtet sind; im Archipel der Canarischen Inseln haben wir eine einfachere Structur der nämlichen Art: in der Cap-Verdischen Gruppe, welche dem Anscheine nach der am wenigsten symmetrische unter allen oceanischen vulcanischen Archipelen ist, würde eine von Nordwest nach Südost ziehende, von mehreren Inseln gebildete Linie in ihrer Verlängerung eine andere gekrümmte Linie unter rechtem Winkel durchschneiden, welche die übrigen Inseln gestellt sind.

L. VON BUCH hat alle Vulcane in zwei Classen vertheilt[115], nämlich Central-Vulcane, um welche rundum auf allen Seiten zahlreiche Eruptionen in einer beinahe regelmäszigen Art und Weise stattgefunden haben, und vulcanische Ketten oder Vulcanreihen. Nach den von der ersten Classe gegebenen Beispielen kann ich, soweit die Stellung in Betracht gezogen wird, keine Gründe sehen, weshalb sie »centrale« genannt werden; und die Beweise für irgend eine Verschiedenheit in der mineralogischen Beschaffenheit zwischen Central-Vulcanen und Reihen-Vulcanen erscheinen unbedeutend. Ohne Zweifel ist irgend eine einzelne Insel in den meisten kleinen vulcanischen Archipelen gern beträchtlich höher als die übrigen, in einer ähnlichen Weise wie auf einer und der nämlichen Insel, was auch die Ursache immer sein mag, eine Auswurfsöffnung meistens höher ist, als alle die andern. L. VON BUCH schliesst kleine Archipele, in denen die einzelnen Inseln, wie auf den Azoren z. B., seiner Annahme nach in Linien angeordnet sind, nicht mit in seine Classe der Vulcan-Reihen ein; wenn man aber auf einer Weltkarte sieht, was für eine vollkommene Stufenreihe von einigen wenigen in eine Reihe gestellten vulcanischen Inseln bis zu einem ganzen Zuge linearer, einander in einer geraden Linie folgenden Archipele und so fort bis zu einer groszen Mauer wie die der Cordillera von America existirt, so ist es schwierig anzunehmen, dasz irgend ein wesentlicher Unterschied zwischen kurzen und langen

Vulcan-Reihen existirt. L. VON BUCH gibt an[116], dasz seine Vulcan-Reihen Bergketten von primären Formationen krönen oder innig mit solchen in Zusammenhang stehen; wenn aber Züge linearer Archipele im Verlaufe der Zeiten durch die lange fortgesetzte Wirkung der hebenden und vulcanischen Kräfte in Bergketten umgewandelt werden, so wird ein natürliches Resultat hiervon sein, dasz die untern primären Gesteine häufig emporgehoben und zur Ansicht gebracht werden.

Einige Schriftsteller haben die Bemerkung gemacht, dasz vulcanische Inseln, wennschon in sehr ungleichen Entfernungen, den Küsten der groszen Continente entlang zerstreut sind, als wenn sie in irgend welchem Masze mit ihnen in Verbindung ständen. Was den Fall von Juan Fernandez betrifft, welches 330 Meilen von der Küste von Chile entfernt liegt, so bestand hier unzweifelhaft ein Zusammenhang zwischen den vulcanischen Kräften, welche unter dieser Insel, und denen, welche unter dem Continent thätig sind, wie es sich während des Erdbebens von 1835 zeigte. Überdies sind die Inseln einiger der kleinen vulcanischen Gruppen, welche in dieser Weise Continente säumen, in Linien angeordnet, welche zu der Richtung, in welcher die nächstliegenden Küsten der Continente hinziehen, in Beziehung stehen; ich will als Beispiele die Kreuzungslinien auf dem Galapagos und dem Cap-Verdischen Archipel und die am besten ausgeprägte Linie bei den Canarischen Inseln anführen. Wenn diese Thatsachen nicht blosz zufällige sind, so erkennen wir hieraus, dasz viele zerstreute vulcanische Inseln und kleine Gruppen nicht blosz durch ihre grosze Nähe, sondern auch in der Richtung der Eruptionsspalten zu den benachbarten Continenten in Beziehung stehen, – eine Beziehung, welche L. VON BUCH als characteristisch für seine groszen Vulcan-Reihen betrachtet.

In vulcanischen Archipelen sind die Eruptionsöffnungen selten auf mehr als einer Insel zu einer und derselben Zeit in Thätigkeit; und die gröszeren Eruptionen kommen gewöhnlich nur nach langen Zwischenräumen wieder. Wenn man die grosze Zahl von Crateren, welche gewöhnlich auf jeder Insel einer Gruppe gefunden wird, und die ungeheure Masse von Gestein betrachtet, welche aus ihnen zur Eruption gelangt ist, so wird man darauf geführt, selbst denjenigen Gruppen ein sehr hohes Alter zuzuschreiben, welche, wie die Galapagos-Inseln, von vergleichsweise neuerem Ursprung zu sein scheinen. Diese Schluszfolgerung stimmt mit dem ungeheuren Masze von Zerstörung durch die langsame Einwirkung des Meeres überein, welche ihre ursprünglich sich abdachenden Küsten erlitten haben müssen, wo sie, wie es häufig der Fall ist, zu steil abstürzenden und zurücktretenden Felsen abgenagt worden sind. Wir dürfen indessen kaum in einem einzigen Falle vermuthen, dasz die ganze, eine vulcanische Insel bildende Gesteinsmasse auf dem Niveau ausgeworfen worden ist, auf welchem sie gegenwärtig liegt: die grosze Zahl von Gängen, welche ausnahmslos die inneren Theile eines jeden Vulcans zu durchsetzen scheinen, beweisen, nach den von ÉLIE DE BEAUMONT auseinandergesetzten Grundsätzen, dasz die ganze Masse emporgehoben und gespalten worden ist. Überdies glaube ich in meinem Buche über die Corallen-Riffe aus dem häufigen Vorhandensein emporgehobener organischer Überreste und aus der Structur der benachbarten Corallen-Riffe gezeigt zu haben, dasz ein Zusammenhang zwischen vulcanischen Eruptionen und gleichzeitigen Emporhebungen in Masse[117] besteht. Endlich will ich bemerken, dasz in einem und demselben Archipel innerhalb der historischen Zeit Eruptionen auf mehr als einer der parallelen Spaltungslinien stattgefunden haben: so haben auf dem Galapagos-Archipel Eruptionen aus einer Öffnung auf Narborough-Insel und aus einer auf Albemarle-Insel stattgefunden, welche Öffnungen nicht in die nämliche Linie fallen; in den Canarischen Inseln haben Eruptionen stattgefunden auf Teneriffa und Lanzarote, und in den Azoren auf den drei parallelen Linien von Pico, S. Jorge und Terceira. Von der Annahme ausgehend, dasz eine Bergkette von einem Vulcan wesentlich nur darin verschieden ist, dasz plutonische Gesteine injicirt worden sind, statt dasz vulcanische Masse ausgeworfen worden ist, scheint mir dies ein interessanter Umstand zu sein; denn wir können hieraus als wahrscheinlich folgern, dasz bei der Erhebung einer Bergkette zwei oder noch mehr von den parallelen dieselbe bildenden Linien innerhalb einer und der nämlichen geologischen Periode emporgehoben und injicirt werden können.

[102] Description des îles Canaries, p. 190 und 191.

[103] In einer Masse von geschmolzenem Eisen hat man gefunden (Edinburgh New Philosoph. Journal, Vol. XXIV, p. 66), dasz diejenigen Substanzen, welche eine stärkere Verwandtschaft zum Sauerstoff haben, als Eisen, von dem Innern der Masse nach der Oberfläche steigen. Eine ähnliche Ursache läszt sich aber kaum auf die Trennung der Krystalle dieser Lavaströme anwenden. Die Abkühlung der Oberfläche der Lava scheint in manchen Fällen ihre Zusammensetzung beeinfluszt zu haben; denn D u f r é n o y (Mémoires pour servir etc., Tom. IV. p. 271) hat gefunden, dasz die inneren Theile eines Stromes in der Nähe von Neapel zwei Drittel eines Minerals enthielten, welches von Säuren angegriffen wurde, während die Oberfläche hauptsächlich aus einem von Säuren nicht angegriffenen Mineral bestand.

[104] Das specifische Gewicht der einfachen Mineralien habe ich v o n   K o b e l l, einer der neuesten und besten Autoritäten, entnommen, das der Gesteine aus verschiedenen Autoritäten. Obsidian hat nach P h i l l i p s 2,35, und J a m e s o n sagt, dasz es niemals über 2,4 geht; doch ergab ein von mir selbst gewogenes Exemplar von Ascension 2,42.

[105] Eine ausführliche und interessante Schilderung dieser Entdeckung, von P a t t i n s o n, wurde der British Association im September 1838 vorgelesen. Bei einigen Legirungen sinkt nach der Angabe T u r n e r ' s (Chemistry, p. 210) das schwerste Metall zu Boden und es findet dies augenscheinlich statt, wenn beide Metalle flüssig sind. Wo eine beträchtliche Gewichtsverschiedenheit besteht, wie zwischen dem Eisen und der während des Schmelzens des Erzes sich bildenden Schlacke, dürfen wir nicht erstaunt sein, dasz sich die Atome trennen, ohne dasz eine von beiden Substanzen körnig würde.

[106] Das specifische Gewicht von Trachyt aus Java wurde von L. v o n B u c h zu 2,47 ermittelt, aus der Auvergne von D e   l a B e c h e zu 2,42, von Ascension von mir selbst zu 2,42. J a m e s o n und andere Autoren geben dem Basalt specifisches Gewicht von 3,0; Exemplare aus der Auvergne wurden aber von D e   l a B e c h e nur zu 2,78 und vom Giant's Causeway zu 2,91 ermittelt.

[107] Vergl. L. v o n B u c h ' s bekannte und ausgezeichnete Description physique dieser Insel, welche als Muster der beschreibenden Geologie dienen kann.

[108] Die krystallinische Grundmasse des Phonolith wird häufig von langen Hornblende-Nadeln durchsetzt; hieraus geht hervor, dasz die Hornblende, obgleich sie das leichter schmelzbare Mineral ist, eher als oder zu derselben Zeit wie eine stärker widerstehende Substanz krystallisirt ist. Phonolith scheint, so weit meine Beobachtungen reichen, in allen Fällen ein injicirtes Gestein zu sein, ähnlich denen der plutonischen Reihe; er ist daher wahrscheinlich, wie diese letzteren, ohne wiederholte und heftige Störungen abgekühlt. Diejenigen Geologen, welche daran zweifeln, ob Granit durch feurige Schmelzung gebildet worden sein kann, weil Mineralien von verschiedenen Schmelzbarkeitgraden gegenseitig Eindrücke ihrer Formen erhalten, können die Thatsache nicht gekannt haben, dasz krystallisirte Hornblende den Phonolith, ein Gestein von

unzweifelhaft plutonischem Ursprung, durchsetzt. Die Zähflüssigkeit, welche, wie jetzt bekannt ist, sowohl Feldspath als Quarz bei einer weit unter ihrem Schmelzpunkte liegenden Temperatur behalten, erklärt leicht ihre gegenseitigen Eindrücke. Vergl. über diesen Gegenstand den Aufsatz von Leonard Horner, Geology of the environs of Bonn, in: Transact. Geolog. Soc. Vol. IV. p 439, und in Bezug auf den Quarz: l'Institut, 1839, p. 161.

[109] Theile dieser Gänge sind abgebrochen worden und sind nun von den primären Gesteinen umgeben, deren Blätter sich in conformer Lage um sie herum winden. Auch Dr. Hubbard (Silliman's Journal, Vol. XXXIV. p. 119) hat eine Durchflechtung von Trappgängen im Granit der Weiszen Berge beschrieben, welche, wie er meint, sich gebildet haben musz, so lange beide Gesteine noch weich waren.

[110] Phillips (Lardner's Encyclop., Vol. II. p. 115) citirt L. von Buch's Angabe, dasz augitischer Porphyr parallel mit groszen Bergketten sich ausbreitet und beständig am Fusze solcher gefunden wird. Auch Humboldt hat das häufige Vorkommen von Trappgestein in einer ähnlichen Lage angegeben, von welchem Verhalten ich viele Beispiele am Fusze der Chilenischen Cordillera beobachtet habe. Das Vorhandensein von Granit in der Axe groszer Bergketten ist immer wahrscheinlich, und ich werde zu vermuthen versucht, dasz die seitlich injicirten Massen von augitischem Porphyr und Trapp nahezu in demselben Verhältnis zu den granitischen Axen stehen, in dem die basaltischen Laven zu den centralen trachytischen Massen stehen, um deren Seiten herum sie so häufig zur Eruption gelangt sind.

[111] Nach Forster's unvollständiger Beobachtung zu urtheilen, ist vielleicht Georgien nicht vulcanisch. Mein Gewährsmann in Bezug auf die Seychellen ist Dr. Allan. Ich weisz nicht, aus welcher Formation Rodriguez im Indischen Ocean zusammengesetzt ist.

[112] Dies wird nach der Autorität des Grafen V. de Bedemar in Bezug auf Flores und Graciosa angegeben (Charlesworth, Magazine of Nat. Hist., Vol. I p. 557). Nach der Angabe des Capitain Boyd hat Sta. Maria kein vulcanisches Gestein (L. von Buch, Description, p. 365). Chatham-Insel ist von Dieffenbach im Geographical Journal, 1841, p. 201 beschrieben worden. In Bezug auf Kerguelen-Land haben wir bis jetzt nur unvollständige Mittheilungen von der antarctischen Expedition erhalten.

[113] Die Professoren William und Henry Darwin Rogers haben vor Kurzem in einem vor der American Association gelesenen Aufsatze die regelmäszig gekrümmten Erhebungslinien in Theilen der Appalachischen Kette sehr stark betont.

[114] Bullet. de la Soc. Géolog. Tom. III. p. 110.

[115] Description des îles Canaries, p. 324.

[116] a. a. O. p. 393.

[117] Eine ähnliche Folgerung drängt sich uns durch die Erscheinungen auf, welche das Erdbeben von Concepcion i. J. 1835 begleiteten und welche in meinem Aufsatze in den Geological

Transactions (Vol. V. p. 601 Übers. Werke, Bd. XII) ausführlich
beschrieben worden sind.

Siebentes Capitel.

Neu-Süd-Wales. – Sandstein-Formation. – Eingeschlossene Pseudofragmente von Schiefer. – Stratification. – Sich kreuzende Lagen. – Grosze Thäler. – Van Diemen's Land. – Palaeozoische Formation. – Neuere Formation mit vulcanischen Gesteinen. – Travertin mit Blättern ausgestorbener Pflanzen. – Erhebung des Landes. – Neu-Seeland. – King George's Sound. – Oberflächliche eisenhaltige Schichten. – Oberflächliche kalkige Ablagerungen mit Abgüssen von Zweigen. – Ihr Ursprung aus angetrifteten Stückchen Muscheln und Corallen. – Ihre Ausdehnung. – Cap der Guten Hoffnung. – Verbindung des Granits und Thonschiefers. – Sandstein-Formation.

Der ›Beagle‹ berührte auf seiner Fahrt nach der Heimath Neu-Seeland, Australien, van Diemen's Land und das Vorgebirge der guten Hoffnung. Um den dritten Theil dieser geologischen Untersuchungen auf Süd-America zu beschränken, will ich hier in Kurzem alles das der Aufmerksamkeit der Geologen Werthe beschreiben, was ich an diesen Orten beobachtet habe.

Neu-Süd-Wales. – Meine Gelegenheiten, Beobachtungen anzustellen, bestanden in einem Ritt von neunzig geographischen Meilen nach Bathurst, in einer west-nordwestlichen Richtung von Sydney. Die ersten dreiszig Meilen von der Küste aus führen über eine Sandsteingegend, welche an vielen Stellen durch Trapp-Gesteine durchbrochen und durch eine kühne Böschung, welche das steile Ufer des Flusses Nepean bildet, von dem groszen Sandstein-Plateau der Blauen Berge getrennt wird. Dieses obere Plateau ist am Rande der Böschung 1000 Fusz hoch und steigt in einer Entfernung von 25 Meilen bis zwischen 3000 und 4000 Fusz über dem Meeresspiegel an. In dieser Entfernung steigt die Strasze in eine im Ganzen weniger erhobene Gegend nieder, welche zum hauptsächlichsten Theil aus primären Gesteinen zusammengesetzt ist. Es findet sich viel Granit, an einer

Stelle in einen rothen Porphyr mit octagonalen Quarz-Krystallen übergehend und an einigen Stellen von Trappgängen durchsetzt. In der Nähe der Downs von Bathurst kam ich über ein gut Theil blasz-braunen, glänzenden Thonschiefers, dessen verstörte Blätterung nördlich und südlich verlief; ich erwähne diese Thatsache, weil mir Capitain King mittheilt, dasz in dem Lande hundert Meilen weiter nach Süden, in der Nähe von Lake George, der Glimmerschiefer so ausnahmslos nördlich und südlich streicht, dasz die Einwohner hieraus beim Suchen ihres Weges durch die Wälder Vortheil ziehen.

Der Sandstein der Blauen Berge ist wenigstens 1200 Fusz mächtig und ist allem Anscheine nach an einigen Stellen von noch gröszerer Mächtigkeit; er besteht aus kleinen Körnern von Quarz, welche durch eine erdige Substanz mit einander verkittet und von eisenhaltigen Adern auszerordentlich reich durchzogen sind. Die unteren Schichten wechseln zuweilen mit Schiefer und Steinkohle ab; bei Wolgan fand ich in Kohlenschiefer Blätter der *Glossopteris Brownii,* einem Farnkraute, welches die Steinkohle von Australien so häufig begleitet. Der Sandstein enthält Quarzrollsteine; und diese nehmen meistens in den oberen Schichten an Zahl und Grösze zu (indessen selten einen Durchmesser von einem oder zwei Zoll überschreitend): ein ähnliches Verhältnis habe ich in der groszen Sandstein-Formation am Cap der Guten Hoffnung beobachtet. An der Küste von Süd-America, wo tertiäre und supratertiäre Schichten in so ausgedehntem Masze emporgehoben worden sind, habe ich wiederholt bemerkt, dasz die obersten Schichten aus gröberem Material gebildet worden als die unteren: dies scheint darauf hinzuweisen, dasz in dem Masze, als das Meer seichter wurde, die Kraft der Wellen oder Strömungen zugenommen hat. Indessen habe ich auf dem untern Plateau zwischen den Blauen Bergen und der Küste beobachtet, dasz die oberen Schichten des Sandsteins häufig in einen thonigen Schiefer übergiengen, – wahrscheinlich die Wirkung davon, dasz dieser untere Raum während seiner Erhebung gegen starke Strömungen geschützt war. Der Sandstein der Blauen Berge ist offenbar mechanischen Ursprungs, und deshalb war ich überrascht, zu bemerken, dasz in manchen Stücken nahezu sämmtliche Quarzkörner so vollkommen mit brillanten Facetten krystallisirt waren, dasz sie offenbar in ihrer g e g e n w ä r t i g e n Form in keinerlei irgend früher schon existirendem Gestein aggregirt worden sind[118]. Es ist schwierig, sich vorzustellen, wie diese Krystalle sich gebildet haben können; man kann doch kaum annehmen, dasz sie in ihrem jetzigen krystallisirten Zustande einzeln niedergeschlagen wurden. Ist es möglich, dasz eine Flüssigkeit, welche ihre Flächen corrodirte, auf die abgerundeten Quarzkörner eingewirkt und frische Kieselsäure auf sie abgelagert hat? Ich will bemerken, dasz es bei der Sandstein-Formation des Caps der Guten Hoffnung offenbar ist, dasz sich Kieselsäure in überreicher Menge aus wässriger Lösung niedergeschlagen hat.

An mehreren Stellen im Sandstein bemerkte ich Flecken von Schiefer, welche auf den ersten Blick leicht fälschlich für fremdartige Einschlüsse hätten gehalten werden können; ihre horizontale Blätterung indessen, welche mit der des Sandsteins parallel war, zeigte, dasz sie nur die Überreste dünner, zusammenhängender Schichten waren. Ein derartiges Fragment (wahrscheinlich der Durchschnitt eines langen schmalen Streifens), welches in der Wandfläche einer Felsklippe zu sehen war, war von gröszerer senkrechter Mächtigkeit als Breite, was beweist, dasz diese Schieferschicht in einem gewissen unbedeutenden Grade consolidirt gewesen sein musz, nachdem sie abgelagert war und ehe sie wieder von den Strömungen abgenagt wurde. Auch weist jeder Fleck von Schiefer darauf hin, wie langsam viele von den aufeinander folgenden Sandsteinschichten abgelagert worden sind. Diese Pseudo-Fragmente von Schiefer werden vielleicht in manchen Fällen den Ursprung scheinbar fremdartiger Fragmente in krystallinischen, metamorphischen Gesteinen erklären. Ich erwähne dies, weil ich in der Nähe von Rio de Janeiro ein scharf begrenztes, eckiges, sieben Yards langes und zwei Yards breites Fragment von Gneisz beobachtet habe, welches, Granaten und Glimmer in Schichten enthaltend, in dem gewöhnlichen, geschichteten, porphyritischen Gneisz des Landes eingeschlossen war. Die Blätter des Bruchstücks und der umgebenden Grundmasse liefen in genau derselben Richtung, sie fielen aber unter verschiedenen Winkeln ein.

Ich will nicht behaupten, dasz dies eigenthümliche Fragment (so viel ich weisz, ein einzeln dastehender Fall) ursprünglich in einer Schicht abgelagert wurde, wie der Schiefer in den Blauen Bergen, zwischen den Schichten des porphyritischen Gneiszes, ehe dieselben metamorphosirt wurden; es besteht aber doch eine hinreichende Analogie zwischen den beiden Fällen, um eine solche Erklärung möglich zu machen.

Stratification der Böschung – Die Schichten der Blauen Berge erscheinen dem Auge horizontal; sie haben aber wahrscheinlich eine ähnliche Neigung wie die Oberfläche des Plateaus, welches von Westen her nach der Böschung über den Nepean hin unter einem Winkel von einem Grad, oder hundert Fusz auf eine Meile abfällt[119]. Die Schichten der Böschung fallen beinahe übereinstimmend mit deren steil geneigter Fläche und mit so groszer Regelmäszigkeit, dasz es aussieht, als seien sie in ihre gegenwärtige Stellung geworfen worden; indessen sieht man bei einer sorgfältigen Untersuchung, dasz sie sich verdicken und ausdünnen und in den oberen Theilen von horizontalen Schichten fortgesetzt und beinahe bedeckt werden. Diese Erscheinungen machen es wahrscheinlich, dasz wir hier eine ursprüngliche Böschung vor uns haben, welche nicht dadurch gebildet worden ist, dasz das Meer in die Schichten nagend eingedrungen ist, sondern dadurch, dasz die Schichten ursprünglich nur so weit sich erstreckt haben. Wer sich daran gewöhnt hat, sorgfältig ausgeführte Karten von Meeresküsten zu untersuchen, wo sich Sediment anhäuft, wird erfahren haben, dasz die Oberfläche der in dieser Weise gebildeten Bänke meistens von der Küste aus sehr sanft bis zu einer bestimmten Linie im offenen Meere sich abdacht, jenseits welcher die Tiefe in den meisten Fällen ziemlich grosz wird. Ich will beispielsweise die groszen Sedimentbänke innerhalb des westindischen Archipels[120] anführen, welche in untermeerischen Abhängen enden, welche unter Winkeln von zwischen 30 und 40 Grad und zuweilen selbst von mehr als 40 Graden geneigt sind; Jedermann weisz, wie steil ein solcher Abhang auf dem Lande erscheinen würde. Wenn Bänke von dieser Beschaffenheit emporgehoben würden, so würden sie wahrscheinlich nahezu dieselbe äuszere Form wie das

Plateau der Blauen Berge haben, wo es plötzlich über dem Nepean endet.

Sich kreuzende Lagen.[A] – Die Sandstein-Schichten oder -Lagen in dem niedrigen Küstenlande, und gleichfalls auch in den Blauen Bergen, werden häufig von queren oder sich kreuzenden Lagen abgetheilt, welche in verschiedenen Richtungen einfallen, häufig unter einem Winkel von 45 Graden. Die meisten Autoren haben diese sich kreuzenden Lagen auf hintereinanderfolgende kleine Anhäufungen auf einer geneigten Fläche bezogen; aber nach einer sorgfältigen Untersuchung einiger Stellen des Neuen Rothen Sandsteins von England glaube ich, dasz derartige Lagen meistens Theile einer Reihe von Bogen, ähnlich colossalen Rippelmarken, bilden, deren Spitze seitdem entweder durch nahezu horizontale Lagen oder durch eine andere Gruppe groszer Wellenrippeln beseitigt worden sind, wobei die Falten dieser letzteren nicht genau mit den unter ihnen liegenden zusammenfallen. Denen, welche den Meeresgrund vermessen haben, ist es wohl bekannt, dasz Schlamm und Sand während der Stürme noch in beträchtlichen Tiefen, mindestens von 300 bis 450 Fusz[121] aufgerührt werden, so dasz selbst die Beschaffenheit des Grundes zeitweise verändert wird; man hat auch beobachtet, dasz der Boden in einer Tiefe zwischen 60 und 70 Fusz breit gerippelt war.[122] Nach den oben erwähnten Erscheinungen im Neuen Rothen Sandstein ist daher wohl die Vermuthung gestattet, dasz während heftiger Stürme der Meeresgrund in gröszerer Tiefe in grosze rippelartige Leisten und Vertiefungen aufgewühlt wird, welche später durch die Strömungen während ruhigen Wetters abgeflacht und während neuer Stürme von neuem gefurcht werden.

Thäler in den Sandstein-Plateaus. – Die groszen Thäler, von welchen die Blauen Berge und die andern Sandstein-Plateaus dieses Theils von Australien durchschnitten werden und welche lange Zeit selbst für die unternehmendsten Colonisten ein unübersteigliches Hindernis bildeten, das innere Land zu erreichen, bieten den allerauffallendsten Zug in der Geologie von Neu-Süd-Wales dar. Sie sind von groszartigen Dimensionen und werden von fortlaufenden Reihen hoher Felswände begrenzt. Man kann sich nur schwer ein prächtigeres Schauspiel vorstellen als dasjenige, welches sich Jemandem darbietet, wenn er, auf den Hochebenen hingehend, ohne irgend ein vorheriges Anzeichen am Rande einer dieser Klippen anlangt, welche so senkrecht sind, dasz er (wie ich es versucht habe) mit einem Steine die in einer Tiefe von zwischen 1000 und 1500 Fusz unter ihm wachsenden Bäume treffen kann; nach beiden Seiten hin sieht er einen Bergvorsprung hinter dem andern an der zurücktretenden Klippenreihe; und auf der gegenüberliegenden Seite des Thales, häufig in der Entfernung von mehreren Meilen erblickt er eine andere Reihe, welche sich zu derselben Höhe erhebt wie die auf der er steht und welche aus denselben horizontalen Schichten blassen Sandsteins gebildet wird. Die Sohle dieser Thäler ist ziemlich eben und der Fall der in ihnen flieszenden Flüsse ist nach der Angabe Sir TH. MITCHELL'S sehr sanft. Die Hauptthäler senden häufig in das Plateau hinein grosze bay-artige Arme, welche sich an ihrem obern Ende erweitern; andererseits schickt auch das Plateau häufig Vorgebirge in das Thal und läszt selbst grosze, beinahe inselförmig getrennte Massen in ihm stehen. Die das Thal begrenzenden Klippenreihen sind so continuirlich, dasz es, um in manche dieser Thäler hinabzusteigen, nothwendig ist, einen Umweg von 20 Meilen zu machen; in andere sind die Landvermesser erst vor kurzem eingedrungen und die Colonisten sind noch nicht im Stande gewesen, ihr Vieh in dieselben zu treiben. Aber der allermerkwürdigste Punkt in der Structur dieser Thäler ist, dasz dieselben, obgleich sie in ihren oberen Theilen mehrere Meilen weit sind, sich meistens nach ihrer Mündung zu so zusammenziehen, dasz sie unpassirbar werden. Der Surveyor-General, Sir TH. MITCHELL[123], versuchte vergebens, zuerst zu Fusz und dann kriechend, zwischen den groszen zusammengestürzten Sandstein-Bruchstücken durch die Felsschlucht aufwärts zu dringen, durch welche sich der Flusz Grose mit dem Nepean verbindet; und doch bildet das Thal des Grose in seinem oberen Theile, wie ich gesehen habe, ein prachtvolles, mehrere Meilen weites Bassin und wird auf allen Seiten von Felsklippen umgeben, deren Gipfel man nirgends für weniger als 3000 Fusz über dem Spiegel des Meeres hoch hält. Wenn Vieh in das Thal des Wolgan auf einem Pfade (auf welchem ich hinabstieg), der zum Theil von den Colonisten eingehauen worden ist, eingetrieben wird, kann es nicht entfliehen; denn dies Thal wird an jeder andern Stelle von senkrechten Klippen umgeben, und acht Meilen weiter abwärts zieht es sich von einer mittleren Breite von einer halben Meile zu einem bloszen Spalt zusammen, welcher für Menschen und Vieh gleich unpassirbar ist. Sir Th. Mitchell[124] gibt an, dasz das grosze Thal des Cox-Flusses mit allen seinen Zweigen sich da, wo er sich mit dem Nepean verbindet, zu einer 2000 Yards breiten und ungefähr 1000 Fusz tiefen Schlucht zusammenzieht. Es könnten noch andere ähnliche Fälle hinzugefügt werden.

Wenn man die Übereinstimmung der horizontalen Schichten auf jeder Seite dieser Thäler und groszen amphitheatralischen Einsenkungen sieht, so ist der erste Eindruck der, dasz sie zum hauptsächlichsten Theile wie andere Thäler durch wässerige Erosion ausgehöhlt worden sind; wenn man sich aber die ganz enorme Menge von Gestein überlegt, welche nach dieser Ansicht entfernt worden sein musz, und zwar in den meisten der oben angeführten Fälle durch blosze Schluchten oder Spalten, so wird man auf die Frage geführt, ob diese Räume nicht gesunken sein können. Betrachten wir indessen die Form der sich unregelmäszig verzweigenden Thäler und die schmalen, in dieselben von den Plateaus aus einspringenden Vorgebirge, so wird man genöthigt, diese Vorstellung aufzugeben. Diese Aushöhlungen einer alluvialen Wirkung zuzuschreiben, wäre widersinnig; auch fällt der Wasserlauf von der Gipfelebene nicht immer, wie ich es in der Nähe des Weatherboard beobachtete, in das obere Ende dieser Thäler, sondern in die eine Seite ihrer meerbusenartigen Ausbuchtungen. Einige der Einwohner machten gegen mich die Bemerkung, dasz sie niemals eine dieser meerbusenartigen Buchten, mit den zu beiden Seiten hintereinander liegenden Bergvorsprüngen, ansehen könnten, ohne von deren Ähnlichkeit mit einer kühn sich erhebenden Meeresküste überrascht zu werden. Dies ist auch sicherlich der Fall. Überdies bieten auch die zahlreichen schönen Häfen mit ihren sich weit verzweigenden Armen an der gegenwärtigen Küste von

Neu-Süd-Wales, welche meistens mit dem Meere durch eine enge, von einer Meile bis zu einer Viertelmeile weite Mündung, durch die Sandstein-Uferklippen hindurchführend, zusammenhängen, eine Ähnlichkeit, wennschon in einem Miniatur-Maszstabe, mit den groszen Thälern des Innern dar. Hier tritt nun aber sofort die bedenkliche Schwierigkeit entgegen: warum hat das Meer diese groszen, wenngleich unscheinbaren, Einsenkungen auf einem weiten Plateau ausgewaschen und blosze Schluchten übrig gelassen, durch welche die ganze ungeheure Masse von zerkleinerter Gesteinssubstanz entfernt worden sein musz? Das einzige Licht, was ich auf dieses Räthsel werfen kann, besteht darin, darauf hinzuweisen, dasz sich allem Anscheine nach in einigen Meeren Bänke der allerunregelmäszigsten Formen bilden und dasz die Seitenwände derartiger Bänke so steil sind (wie vorhin angegeben wurde), dasz ein vergleichsweise geringer Grad von später eintretender Erosion sie dann zu Klippen machen würde; dasz die Wellen die Kraft haben, hohe und steil abstürzende Klippen selbst in rings von Land umschlossenen Häfen zu bilden, das habe ich an vielen Orten in Süd-America beobachtet. Im Rothen Meer werden Bänke, von einem äuszerst unregelmäszigen Umrisz und aus Sediment bestehend, von den allereigenthümlichst gestalteten Canälen mit engen Mündungen durchsetzt: dies ist gleichfalls, obschon in einem gröszeren Maszstabe, bei den Bahama-Bänken der Fall. Derartige Bänke sind, wie ich zu vermuthen veranlaszt worden bin[125], durch Strömungen gebildet worden, welche Sediment auf einem unregelmäszigen Boden anhäuften. Dasz in einigen Fällen das Meer, anstatt das Sediment in einer gleichförmigen Fläche auszubreiten, es rings um unterirdische Felsen und Inseln anhäuft, daran läszt sich unmöglich zweifeln, wenn man die Seekarten von West-Indien untersucht hat. Um nun diese Ideen auf die Sandstein-Plateaus von Neu-Süd-Wales anzuwenden, so stelle ich mir vor, dasz die Schichten durch die Wirkung starker Strömungen und der Wellenbewegung eines offenen Meeres auf einem unregelmäszig gebildeten Grunde aufgehäuft worden sein, und dasz die steil abfallenden Seitenwände der hierbei unausgefüllt gelassenen thalartigen Räume während einer

176

langsamen Erhebung zu Klippen ausgewaschen worden sein dürften; der abgewaschene Sandstein wurde dann, entweder zu der Zeit, wo die engen Schluchten durch das zurückweichende Meer eingeschnitten wurden, oder erst später durch alluviale Wirkungen entfernt.

Van Diemen's Land.

Der südliche Theil dieser Insel wird hauptsächlich aus Bergen von Grünstein gebildet, welcher häufig einen syenitischen Character annimmt und viel Hypersthen enthält. Diese Berge sind in ihrer untern Hälfte meistens von Schichten umschlossen, welche zahlreiche kleine Corallen und einige Schalthiergehäuse enthalten. Diese Muscheln sind von Mr. G. B. Sowerby untersucht und im Anhange beschrieben worden; sie bestehen aus z w e i S p e c i e s von *Productus* und aus sechs Species von *Spirifer*; zwei derselben, nämlich *P. rugatus* und *S. rotundatus*, gleichen, soweit ihre unvollkommene Erhaltung eine Vergleichung gestattet, Muscheln aus dem englischen Bergkalkstein. Mr. Lonsdale hat die Freundlichkeit gehabt, die Corallen zu untersuchen; sie bestehen aus sechs unbeschriebenen Species, welche zu drei Gattungen gehören. Species dieser Gattungen kommen in den silurischen, devonischen und Steinkohlen-Schichten Europa's vor. Mr. Lonsdale bemerkt noch, dasz diese sämmtlichen Fossile unzweifelhaft einen paläozoischen Character haben und dasz sie in Bezug auf ihr Alter wahrscheinlich einer Abtheilung des Systems oberhalb der silurischen Formationen entsprechen.

Die diese Überreste enthaltenden Schichten sind merkwürdig wegen der auszerordentlichen Variabilität ihrer mineralogischen Zusammensetzung. Jede intermediäre Form ist vorhanden zwischen Kieselschiefer, in Grauwacke übergehendem Thonschiefer, reinem Kalkstein, Sandstein und Porzellangestein (Kaolin); manche Schichten können nur als aus kieselig-kalkigem Thonschiefer zusammengesetzt beschrieben werden. So weit ich es beurtheilen konnte, ist die Formation wenigstens 1000 Fusz mächtig: die oberen wenig hundert Fusz bestehen gewöhnlich aus einem kieseligen Sandstein, welcher Geschiebsteine und keine organischen Reste enthält; die unteren Schichten, in denen ein blasser flinthaltiger Schiefer vielleicht am reichlichsten vertreten ist, sind die variabelsten; und diese sind hauptsächlich auszerordentlich reich an organischen Resten. Zwischen zwei Schichten harten krystallinischen Kalksteins in der Nähe von Newtown wird eine Schicht weicher, weiszer, kalkiger Gesteinsmasse abgebaut und zum Abputz der Häuser benutzt. Nach Mittheilungen, welche mir Mr. FRANKLAND, der Vorstand der Vermessungsarbeiten, gegeben hat, wird allem Anscheine nach diese paläozoische Formation an verschiedenen Stellen der ganzen Insel gefunden; nach derselben Autorität will ich noch hinzufügen, dasz an der nordöstlichen Küste und in der Bass-Strasze primäre Gesteine in ausgedehnter Weise vorkommen.

Die Ufer der Storm-Bay sind bis zur Höhe von einigen wenigen hundert Fusz von Sandsteinschichten eingefaszt, welche Rollsteine der eben beschriebenen Formation mit ihren characteristischen Fossilien enthalten und folglich einer spätern Zeit angehören. Diese Schichten von Sandstein gehen häufig in Schiefer über und wechseln mit Lagern unreiner Kohle ab; sie sind an manchen Stellen heftig gestört worden. In der Nähe von Hobart Town beobachtete ich einen Trappgang von nahezu 100 Yards Breite, an dessen einer Seite die Schichten in einem Winkel von 60 Grad aufgerichtet und an dessen anderer Seite sie an einigen Stellen senkrecht und durch die Wirkungen der Hitze verändert waren. Auf der westlichen Seite von Storm-Bay fand ich diese Schichten überdeckt von Strömen basaltischer Lava mit Olivin; und dicht dabei fand sich eine Masse breccienartiger Schlacken, welche Lavageschiebe enthielt und wahrscheinlich den Ort eines alten submarinen Craters bezeichnete. Zwei von diesen Basalströmen waren von einander durch eine Schicht thoniger Wacke getrennt, deren Übergang in theilweise veränderte Schlacken verfolgt werden konnte. Die Wacke enthält zahlreiche abgerundete Körner eines weichen, grasgrünen Minerals mit einem Wachsglanz und an den Rändern durchscheinend: vor dem Löthrohre wird es augenblicklich geschwärzt und die Spitzen schmelzen zu einem stark magnetischen schwarzen Schmelz. In diesen Characteren ist es jenen Massen von zersetztem Olivin ähnlich, welche von S. Jago in der Gruppe der Cap-Verdischen Inseln beschrieben wurden; ich würde auch geglaubt haben, dasz sie in dieser Weise entstanden seien, hätte ich nicht eine ähnliche Substanz in cylindrischen Fäden innerhalb der Zellen des blasigen Basalts gefunden, – ein Zustand, in welchem Olivin niemals erscheint; es würde diese Substanz[126], wie ich glaube, von den Mineralogen als Bolus beschrieben werden.

Travertin mit ausgestorbenen Pflanzen. – Hinter Hobart-Town findet sich ein kleiner Steinbruch in hartem Travertin, dessen untere Schichten auszerordentlich reich an deutlichen Blätterabdrücken sind. ROBERT BROWN hat die Freundlichkeit gehabt, sich meine Exemplare anzusehen; er theilt mir mit, dasz es vier oder fünf Species sind, von denen er keine als mit einer existirenden Art zusammenfallend wiedererkennt. Das merkwürdigste Blatt ist handförmig getheilt, wie das einer Fächer-Palme, und bis jetzt ist keine Pflanze, welche Blätter dieser Bildungsart besitzt, in Van Diemen's Land entdeckt worden. Die andern Blätter sind weder der gewöhnlichsten Form von *Eucalyptus* (aus welcher Gruppe die hier existirenden Wälder hauptsächlich gebildet werden), noch jener Classe von Ausnahmen von der gewöhnlichen Form der Blätter des *Eucalyptus* ähnlich, welche auf dieser Insel vorkommen. Der, diese Überreste einer untergegangenen Vegetation enthaltende Travertin ist von blaszgelber Färbung, hart, und stellenweise selbst krystallinisch; aber er ist nicht compact und wird überall von sehr feinen, gewundenen, cylindrischen Poren durchsetzt. Er enthält sehr wenig Quarzgeschiebe und gelegentlich Lager von Chalcedon-Kügelchen, ähnlich den Hornsteinkörnern im englischen Grünsandstein. Wegen der Reinheit dieses kalkigen Gesteins ist an andern Orten nach ihm gesucht worden; man hat es nirgends weiter gefunden. Wegen dieses Umstandes und wegen des Characters der Ablagerung ist es wahrscheinlich in der Weise gebildet worden, dasz eine kalkhaltige Quelle in einen kleinen Teich oder schmalen Canal einflosz. Die Schichten sind später aufgerichtet und gespalten worden; und die Oberfläche ist von einer eigenthümlichen Masse bedeckt, auch jene grosze Spalte mit derselben ausgefüllt worden, welche aus, in einer Mischung von Wacke und einer weiszen, erdigen, thonigen, kalkigen Substanz eingeschlossenen Trappkugeln gebildet wird. Hieraus dürfte hervorgehen, dasz am Rande des Teichs, in welchem die kalkige Masse abgelagert wurde, eine vulcanische Eruption stattgefunden hat, welche jenen durchbrochen und abgeleitet hat.

Emporhebung des Landes – Sowohl die östlichen als westlichen Ufer der Bay in der Nähe von Hobart Town sind an den meisten Stellen bis zur Höhe von 30 Fusz über dem Niveau der Hochfluthgrenze mit zerbrochenen Muscheln, untermischt mit Geschiebesteinen, bedeckt. Die Colonisten schreiben das Vorkommen dieser Muscheln hier dem Umstande zu, dasz die Eingeborenen sie der Nahrung wegen da hinauf gebracht hätten: unzweifelhaft finden sich viele grosze Hügel, welche, worauf mich Mr. FRANKLAND aufmerksam gemacht hat, auf diese Weise gebildet worden sind; aber wegen der groszen Anzahl der Muscheln, wegen ihrer häufig so geringen Grösze, wegen der Art, in der sie nur dünn zerstreut liegen und wegen einiger Erscheinungen in der Form des Landes glaube ich, dasz wir das Vorhandensein der gröszeren Zahl derselben einer geringen Erhebung des Landes zuschreiben müssen. Am Ufer der Ralph-Bay (welche in Storm-Bay mündet) beobachtete ich einen continuirlichen, mit Vegetation bedeckten Strandzug ungefähr 15 Fusz über der Hochfluthgrenze, und als ich in ihn eingrub, fanden sich mit Serpula-Röhren bedeckte Rollsteine; auch den Ufern des Flusses Derwent entlang fand ich eine Lage zerbrochener Seemuscheln über der Oberfläche des Flusses und an einem Orte, wo das Wasser jetzt viel zu süsz ist, um Seemuscheln darin leben zu lassen; aber in diesen beiden Fällen ist es eben möglich, dasz, ehe gewisse Bänke von Schlamm oder Dünen von Sand in Storm-Bay angehäuft wurden, die Fluthen bis zu der Höhe gestiegen sein könnten, wo wir jetzt die Muscheln finden[127].

Mehr oder weniger deutliche Beweise für eine Veränderung des Niveaus von Land und Wasser sind beinahe an allen Landstrecken in jenem Theile der Erde entdeckt worden. Capt. GREY und andere Reisende haben im südlichen Australien emporgehobene Schalthiergehäuse

180

gefunden, welche entweder der jetzigen oder einer späteren tertiären Periode angehören. Die französischen Naturforscher bei BAUDIN's Expedition fanden Muscheln in ähnlichen Verhältnissen an der Südwest-Küste von Australien. W. B. CLARKE[128] findet Beweise für eine Erhebung des Landes bis zum Betrage von 400 Fusz am Vorgebirge der Guten Hoffnung. In der Umgebung der Bay of Islands auf Neu-Seeland[129] beobachtete ich, dasz die Küsten bis in eine ziemliche Höhe mit Seemuscheln überstreut waren wie auf Van Diemen's Land, was die Colonisten den Eingeborenen zuschreiben. Was auch immer der Ursprung dieser Muscheln gewesen sein mag, so kann ich, nachdem ich einen Durchschnitt des Thales des Themse-Flusses (37° s. Br.), von W. WILLIAMS aufgezeichnet, gesehen habe, nicht daran zweifeln, dasz dort das Land emporgehoben worden ist; auf den gegenüberliegenden Seiten dieses groszen Thales entsprechen drei stufenförmige Terrassen, welche aus einer enormen Anhäufung von abgerundetem Geschiebe gebildet sind, einander ganz genau; die Böschung einer jeden Terrasse ist ungefähr 50 Fusz hoch. Wer nur immer die Terrassen in den Thälern von Süd-America untersucht hat, welche mit Seemuscheln überstreut sind und während der Perioden der Ruhe in dem langsamen Emporheben des Landes gebildet worden sind, kann nicht daran zweifeln, dasz die Terrassen auf Neu-Seeland in ähnlicher Weise gebildet worden sind. Ich will noch hinzufügen, dasz Dr. DIEFFENBACH in seiner Beschreibung der Chatham-Inseln[130] (südwestlich von Neu-Seeland) angibt, es sei offenbar, »dasz das Meer viele Stellen nackt gelassen hat, welche früher einmal von dessen Wassern bedeckt waren.«

King Georgs Sound.

Diese Niederlassung liegt am südwestlichen Winkel des australischen Continents; die ganze Gegend ist granitisch, die constituirenden Mineralbestandtheile sind zuweilen undeutlich in gerade oder gekrümmte Blätter angeordnet. In diesen Fällen würde HUMBOLDT das Gestein Gneisz-Granit genannt haben, und es ist merkwürdig, dasz die Form der nackten kegelförmigen Berge, welche dem Anscheine nach aus groszen gefalteten Schichten bestehen, in einem auffallenden Grade in kleinem Maszstabe jenen, aus Gneisz-Granit zusammengesetzten bei Rio de Janeiro und denen von HUMBOLDT in Venezuela beschriebenen ähnlich sind. Diese plutonischen Gesteine werden an vielen Stellen von trappartigen Gängen durchsetzt: an einer Stelle fand ich zehn parallele Gänge, in einer ostwestlichen Linie hinziehend; nicht weit davon war eine andere Gruppe von acht Gängen, welche aus einer verschiedenen Varietät von Trapp gebildet waren und rechtwinkelig zu den ersteren hinzogen. Ich habe in mehreren primären Bezirken das Vorkommen von Gangsystemen beobachtet, welche dicht nebeneinander und einander parallel waren.

Oberflächliche eisenhaltige Lager. – Die tieferen Theile des Landes werden überall von einer, den Unebenheiten der Oberfläche folgenden Schicht eines wabenartig durchlöcherten Sandsteins bedeckt, welcher an Eisenoxyd auszerordentlich reich ist. Schichten einer nahezu ähnlichen Zusammensetzung sind, wie ich glaube, der ganzen westlichen Küste von Australien entlang und auf vielen der ostindischen Inseln häufig. Am Cap der Guten Hoffnung ist am Fusze der aus Granit bestehenden und von Sandstein überlagerten Berge der Boden überall entweder von einer feinkörnigen, bröckligen, ockerartigen Masse, wie der an King George's Sound, oder von einem gröberen Sandstein mit Quarzfragmenten bedeckt, welcher durch einen auszerordentlichen Reichthum an Eisenoxydhydrat hart und schwer gemacht ist und beim frischen Bruch einen Metallglanz darbietet. Diese beiden Varietäten haben eine sehr unregelmäszige Textur und schlieszen entweder abgerundete oder eckige Räume ein, die voll von losem Sand sind; aus dieser Ursache ist die Oberfläche immer wabenartig. Das Eisenoxyd ist am reichlichsten an den Rändern der Höhlungen, wo allein es einen metallischen Bruch mit sich bringt. In diesen Formationen, ebenso wie in vielen echten sedimentären Ablagerungen, hat das Eisen offenbar die Neigung, in der Form einer Schale oder eines Netzwerks aggregirt zu werden. Der Ursprung dieser oberflächlichen Schichten scheint, obschon er ziemlich dunkel ist, eine Folge der alluvialen Einwirkung auf einen an Eisen sehr reichen

Detritus zu sein.

Oberflächliche kalkige Ablagerung. – Eine kalkige Ablagerung auf dem Gipfel von Bald Head, welche verzweigte, von einigen Autoren für die Überreste von Corallen gehaltene Körper enthält, ist durch die Beschreibung vieler ausgezeichneter Reisenden berühmt geworden[131]. In der Höhe von 600 Fusz über dem Meeresspiegel faltet sie sich rings um unregelmäszige Vorsprünge von Granit und verbirgt dieselben. Sie schwankt in ihrer Mächtigkeit bedeutend; wo sie geschichtet ist, sind die Schichten häufig unter groszen Winkeln geneigt, selbst bis zu 30 Graden, und sie fallen nach allen Richtungen hin ein. Diese Schichten werden zuweilen von schrägen und ebenseitigen Blättern durchkreuzt. Die Ablagerung besteht entweder aus einem feinen, weiszen, kalkigen Pulver, in welchem nicht eine Spur von Structur nachgewiesen werden kann, oder aus äuszerst minutiösen, abgerundeten Körnern von braunen, gelblichen und purpurnen Färbungen; beide Varietäten sind meistens, aber nicht immer, mit kleinen Quarzstückchen durchmengt und zu einem mehr oder weniger vollkommenen Steine verkittet. Wenn die abgerundeten kalkigen Körner in geringem Grade erhitzt werden, verlieren sie augenblicklich ihre Farbe; in dieser, wie in jeder andern Beziehung sind sie jenen minutiösen, gleichgroszen Stückchen von Muscheln und Corallen auszerordentlich ähnlich, welche auf St. Helena an den Seiten der Berge hinauf angetrieben worden und dabei aller gröberen Fragmente verlustig gegangen sind. Ich kann nicht daran zweifeln, dasz die gefärbten, kalkigen Partikel hier einen ähnlichen Ursprung gehabt haben. Das unfühlbar feine Pulver rührt wahrscheinlich von dem Zerfall der abgerundeten Stückchen her; dies ist sicherlich möglich; denn an der Küste von Peru habe ich g r o s z e z e r b r o c h e n e Muscheln allmählich in eine Substanz zerfallen sehen, die so fein wie zerpulverter Kalk war. Die beiden oben erwähnten Varietäten von kalkigem Sandstein wechseln häufig mit dünnen Lagen eines harten, substalagmitischen[132] Gesteins ab und gehen in sie über, welche selbst da, wo der Stein auf beiden Seiten Quarz enthält, gänzlich frei von ihnen ist; wir müssen daher annehmen, dasz diese Lager, ebensowohl wie gewisse aderartige Massen, dadurch gebildet worden sind, dasz der Regen die kalkige Masse aufgelöst und wieder niedergeschlagen hat, wie es sich auf St. Helena ereignet hat. Jede Lage bezeichnet wahrscheinlich eine frische Fläche, wo die jetzt fest mit einander verkitteten Stückchen als loser Sand existirten. Diese Lager sind zuweilen breccienartig zerbrochen und wieder verkittet, als wenn sie durch das Herabrutschen des Sandes im weichen Zustande zerbrochen worden wären. Ich habe nicht ein einziges Fragment einer Seemuschel gefunden; aber ausgebleichte Schalen von *Helix melo*, einer jetzt existirenden Landspecies, kommt auszerordentlich zahlreich in sämmtlichen Schichten vor; ich habe gleichfalls eine andere *Helix* und den Panzer eines *Oniscus* gefunden.

Die Zweige sind ihrer Gestalt nach von den abgebrochenen und aufrecht stehenden Strümpfen eines Dickichts absolut nicht zu unterscheiden; ihre Wurzeln sind häufig unbedeckt und scheinen nach allen Seiten hin zu divergiren; hier und da liegt ein Zweig ausgestreckt nieder. Die Zweige bestehen meistens aus dem Sandstein, nur eher etwas fester als die umgebende Masse; ihre centralen Theile sind entweder mit zerreiblicher kalkiger Substanz oder mit einer substalagmitischen Varietät angefüllt; dieser centrale Theil wird auch häufig von linearen Spalten durchbrochen, welche zuweilen, wenngleich selten, eine Spur von holziger Substanz enthalten. Diese kalkigen, sich verzweigenden Körper haben sich allem Anscheine nach dadurch gebildet, dasz feine kalkige Substanz in die Abgüsse oder Höhlungen hineingewaschen worden ist, welche nach dem Zerfall von Zweigen oder Wurzeln von Dickichten, die unter Sand begraben waren, übrig geblieben sind. Die ganze Oberfläche des Berges erleidet gegenwärtig eine Zersetzung, und daher werden die Ausgüsse, welche compact und hart sind, vorspringend übrig gelassen. In kalkigem Sand am Vorgebirge der Guten Hoffnung fand ich die von ABEL beschriebenen Abgüsse denen von Bald Head ganz ähnlich; aber ihre Centren sind noch häufig mit schwarzer, kohlenhaltiger Substanz erfüllt, welche noch nicht entfernt ist. Es ist nicht überraschend, dasz die holzige Substanz aus den Abgüssen von Bald Head beinahe gänzlich entfernt worden ist; denn gewisz ist es, dasz viele Jahrhunderte vergangen sein müssen, seitdem die Dickichte begraben wurden; gegenwärtig wird in Folge der Form und Höhe des schmalen Vorgebirges kein Sand angetriftet und die ganze Oberfläche wird, wie ich schon bemerkt habe, abgenagt. Wir müssen uns daher nach einer Zeit umsehen, wo das Land auf einem niedrigeren Niveau stand und in welcher der kalkige und quarzige Sand auf Bald Head angetriftet wurde und in Folge dessen die Pflanzenreste begraben wurden, wofür die französischen Naturforscher[133] Beweise in emporgehobenen Schalen jetzt lebender Thierarten fanden. Nur eine Erscheinung liesz mich Anfangs in Betreff des Ursprungs dieser Abgüsze zweifeln, – nämlich, dasz die feineren, von verschiedenen Stämmen ausgehenden Wurzeln zuweilen zu aufrecht stehenden Platten oder Adern vereinigt wurden; wenn man sich aber der Art und Weise erinnert, in welcher feine Wurzeln häufig Spalten in harter Erde ausfüllen, und dasz diese Wurzeln ebensogut zerfallen und Höhlungen hinterlassen werden wie die Stämme, so liegt keine wirkliche Schwierigkeit in diesem Falle vor. Auszer den kalkigen Zweigen vom Cap der Guten Hoffnung habe ich Abgüsse von genau denselben Formen von Madeira[134] und von den Bermudas gesehen; auf den letzteren sind, nach den von Lieut. NELSON gesammelten Exemplaren zu urtheilen, die umgebenden kalkigen Gesteine gleichfalls ähnlich, wie es auch ihre oberflächliche Bildung ist. Bedenkt man die Stratification der Ablagerung von Bald Head, – die unregelmäszig abwechselnden Lager substalagmitischen Gesteins, – die gleichförmig groszen und abgerundeten Partikel, augenscheinlich von Seemuscheln und Corallen, – den auszerordentlichen Reichthum von Landmuscheln durch die ganze Masse, und endlich die absolute Ähnlichkeit der kalkigen Abgüsse mit den Stümpfen, Wurzeln und Zweigen jener Art von Pflanzenwuchs, welcher eben auf Sandhügeln wachsen dürfte, so, meine ich, läszt sich, trotz der verschiedenen Meinung mancher Autoren, vernünftigerweise nicht daran zweifeln, dasz eine richtige Ansicht von ihrem Ursprung hier gegeben worden ist.

Kalkige Ablagerungen, gleich denen von King George's Sund, sind an den australischen Küsten in ungeheurer Ausdehnung vorhanden. Dr. FITTON macht die Bemerkung, dasz »recente, kalkige Breccie (unter welchem Ausdruck diese sämmtlichen Ablagerungen eingeschlossen werden) während BAUDIN'S Reise über einen Raum hin von nicht weniger als 25 Breitengraden und in einer gleichen Längenausdehnung an den südlichen, westlichen und nordwestlichen Küsten gefunden wurde.«[135] Aus PÉRON's Angaben, mit dessen Beobachtungen und Ansichten über den Ursprung der kalkigen Substanz und der sich verzweigenden Abgüsse die meinigen gänzlich übereinstimmen, geht auch hervor, dasz die Ablagerung meist viel continuirlicher ist, als in der Nähe von King George's Sound. Beim Swan-Flusz gibt Archdeacon SCOTT an[136], dasz sie sich an einer Stelle zehn Meilen weit landeinwärts erstreckt. Überdies theilt mir Captain WICKHAM mit, dasz während der kürzlich von ihm vorgenommenen Vermessung der Westküste der Meeresgrund, wo nur immer das Fahrzeug vor Anker gieng, aus weiszer kalkiger Substanz bestand, wie durch Hinablassen von Brecheisen ermittelt wurde. Es scheint daher, als wären dieser Küste entlang, wie auf den Bermudas und am Keeling Atoll, untermeerische und oberflächliche Ablagerungen gleichzeitig in Folge des Zerfallens mariner organischer Körper im Processe der Bildung begriffen. Die Ausdehnung dieser Ablagerungen ist in Anbetracht ihres Ursprungs sehr auffallend; sie können in dieser Beziehung nur mit den groszen Corallenriffen des Indischen und Stillen Oceans verglichen werden. In andern Theilen der Welt, beispielsweise in Süd-America, finden sich o b e r f l ä c h l i c h e kalkige Ablagerungen von groszer Ausdehnung, in welchen nicht eine Spur organischer Structur zu entdecken ist; diese Beobachtungen dürften zu der Untersuchung veranlassen, ob derartige Ablagerungen nicht auch aus zerfallenen Muscheln und Corallen gebildet worden sind.

Cap der Guten Hoffnung.

Nach den von BARROW, CARMICHAEL, BASIL HALL und W. B. CLARKE über die Geologie dieses Districts gegebenen Schilderungen werde ich mich auf einige wenige Bemerkungen über die Verbindung der drei hauptsächlichen

Formationen beschränken. Das fundamentale Gestein ist Granit[137], überlagert von Thonschiefer; der letztere ist meistens hart und in Folge des Einschlusses minutiöser Glimmerschuppen glänzend; er wechselt mit Schichten unbedeutend krystallinischen, feldspathigen, schieferigen Gesteins ab und geht in solche über. Dieser Thonschiefer ist deshalb merkwürdig, weil er an einigen Stellen (wie an dem Lion's Rump), selbst bis zur Tiefe von 20 Fusz zu einem blasz gefärbten, sandsteinartigen Gestein zersetzt ist, welches, wie ich glaube, von mehreren Beobachtern irrthümlich für eine besondere Formation gehalten worden ist. Ich wurde von Dr. ANDREW SMITH zu einer schönen Verbindung zwischen Granit und Thonschiefer am Green Point geführt; der letztere wird in der Entfernung von einer Viertel-Meile von dem Orte, wo der Granit am Strand erscheint (obgleich der Granit wahrscheinlich viel näher unter der Oberfläche liegt), compacter und krystallinischer. In einer geringeren Entfernung sind einige von den Thonschieferschichten von homogener Textur und undeutlich mit verschiedenen Farbenbändern gestreift, während andere undeutlich gefleckt sind. Innerhalb hundert Yards von der ersten Granitader besteht der Thonschiefer aus mehreren Varietäten; einige sind compact mit einem Stich ins Purpurne, andere glänzen von zahlreichen minutiösen Schuppen von Glimmer und unvollkommen krystallisirtem Feldspath; einige sind undeutlich körnig, andere porphyrartig mit kleinen, verlängerten Flecken eines weichen weiszen Minerals, welches wegen der Leichtigkeit, mit der es corrodirt wird, dieser Varietät ein blasiges Ansehen gibt. Dicht am Granit ist der Thonschiefer in ein dunkelfarbiges blätteriges Gestein mit einem körnigen Bruch verwandelt, welch' letzterer Folge des Vorhandenseins unvollkommener Krystalle von Feldspath ist, die von minutiösen, glänzenden Glimmerschuppen überzogen sind.

Die factische Verbindung zwischen den granitischen und Thonschiefer-Districten erstreckt sich über eine Breite von ungefähr 200 Yards und besteht aus unregelmäszigen Massen und zahlreichen Gängen von Granit, welche von dem Thonschiefer eingewickelt und umgeben sind; die meisten Gänge liegen in einer nordwestlichen und südöstlichen Linie, parallel zu der Spaltungsebene des Schiefers. Wenn man die Verbindung verläszt, werden dünne Schichten und zuletzt blosze Säume des veränderten Thonschiefers sichtbar, völlig isolirt, als schwämmen sie in dem grob krystallisirten Granit; obschon sie aber vollständig getrennt sind, behalten sie doch alle noch Spuren der nordwestlich-südöstlichen Spaltung. Diese Thatsache ist in anderen ähnlichen Fällen beobachtet worden, und ist von mehreren ausgezeichneten Geologen[138] als eine bedeutende Schwierigkeit in Bezug auf die gewöhnlich verbreitete Theorie, dasz der Granit im flüssigen Zustande injicirt worden sei, vorgebracht worden; wenn wir uns aber den wahrscheinlichen Zustand der untern Oberfläche einer geblätterten Masse, wie Thonschiefer, nachdem sie durch eine Masse geschmolzenen Granits gewaltsam emporgewölbt worden ist, vergegenwärtigen, so können wir wohl schlieszen, dasz sie voll von Spalten, die den Spaltungsebenen parallel sind, sein werde, dasz diese ferner mit Granit erfüllt sein werden, so dasz, wo nur immer die Spalten dicht bei einander liegen, blosze getrennte Lagen oder Keile des Schiefers in den Granit hinein hängen werden. Würde daher später die ganze Gesteinsmasse abgewaschen und denudirt werden, so werden die untern Enden dieser herabhängenden Massen oder Keile von Granit völlig isolirt im Granit übrig bleiben; und doch würden sie ihre eigenen Spaltungslinien behalten, weil sie, so lange der Granit noch flüssig war, mit einer zusammenhängenden Decke von Thonschiefer in Verbindung gestanden hatten.

Als ich in Gesellschaft des Dr. A. Smith der Verbindungslinie zwischen dem Granit und dem Schiefer folgte, wie sie sich in einer südöstlichen Richtung landeinwärts erstreckte, kamen wir zu einer Stelle, wo der Schiefer in einen feinkörnigen, vollkommen characterisirten Gneisz verwandelt war, der eine Zusammensetzung aus gelblichbraunem Feldspath, auszerordentlich reichlichem, schwarzem, glänzendem Glimmer und einigen wenigen dünnen Quarzblättern erkennen liesz. Aus dem auszerordentlich reichlichen Vorhandensein von Glimmer in diesem Gneisz, im Vergleich zu der geringen Menge und den äuszerst minutiösen Schuppen, in denen er in dem glänzenden Thonschiefer existirt, müssen wir schlieszen, dasz er sich hier in Folge einer metamorphischen Einwirkung gebildet hat – ein Umstand, welcher unter nahezu ähnlichen Verhältnissen, von manchen Autoren bezweifelt wird. Die Lamellen des Thonschiefers sind gerade; und es war interessant zu beobachten, dasz sie in dem Masze, als er den Character des Gneiszes annahm, wellenförmig wurden, wobei manche der kleinen Biegungen, wie die Lamellen vieler echten metamorphischen Schiefer, winklig wurden.

S a n d s t e i n - F o r m a t i o n. – Diese Formation bildet den imposantesten Zug in der Geologie von Süd-Africa. Die Schichten sind an vielen Stellen horizontal und erreichen eine Mächtigkeit von ungefähr 2000 Fusz. Der Sandstein schwankt im Character: er enthält wenig erdige Substanz, ist aber häufig mit Eisen gefärbt; einige der Schichten sind sehr feinkörnig und vollständig weisz, andere sind so compact und homogen wie Quarzgestein. An einigen Stellen bemerkte ich eine Quarzbreccie, deren Fragmente in einer Kieselpaste beinahe gelöst waren. Breite Adern von Quarz, oft grosze und vollkommene Krystalle einschlieszend, sind sehr zahlreich; und an all diesen Schichten ist es offenbar, dasz Kieselsäure aus einer Lösung in merkwürdiger Weise abgelagert ist. Viele von den Varietäten des Quarzits erscheinen völlig wie metamorphische Gesteine; da aber die oberen Schichten so kieselhaltig sind wie die untern, und wegen der ungestörten Verbindungen mit dem Granit, die an vielen Stellen untersucht werden können, kann ich kaum glauben, dasz diese Sandsteinschichten der Hitze ausgesetzt gewesen sind[139]. An den Verbindungslinien zwischen diesen beiden groszen Formationen fand ich an mehreren Stellen den Granit bis zur Tiefe von einigen wenigen Zollen zerfallen; ihm folgte entweder eine dünne Schicht eisenhaltigen Schiefers oder eine vier oder fünf Zoll dicke Lage wieder verkitteter Granitkrystalle, auf welcher die grosze Masse des Sandsteins unmittelbar ruhte.

Mr. SCHOMBURGK hat eine grosze Sandsteinformation im nördlichen Brasilien beschrieben[140], welche auf Granit ruht und in einem merkwürdigen Grade, in ihrer Zusammensetzung und der äuszeren Form des Landes, dieser Formation am Cap der Guten Hoffnung ähnlich ist. Die Sandsteine der groszen Plateaus im östlichen Australien, welche auch auf Granit ruhen, weichen darin ab, dasz sie mehr erdige und weniger kieselige Substanz enthalten. Keine fossilen Reste sind in diesen drei ungeheuern Ablagerungen entdeckt worden. Endlich will ich noch hinzufügen, dasz ich irgend welche erratische Blöcke von weither transportirten Gesteinen weder am Cap der Guten Hoffnung, noch an den östlichen und westlichen Küsten von Australien, noch auf Van Diemen's Land gesehen habe. Auf der nördlichen Insel von Neu-Seeland bemerkte ich einige grosze Blöcke von Grünstein; ob aber ihr Muttergestein weit entfernt war, hatte ich keine Gelegenheit zu ermitteln.

[118] Ich habe vor Kurzem in einem Aufsatze von W i l l. S m i t h (dem Vater der englischen Geologen) in dem Magazine of Natural History gesehen, dasz die Quarzkörner im Millstone-grit von England häufig krystallisirt sind. S i r D a v i d B r e w s t e r gibt in einem vor der British Association, 1840, gelesenen Aufsatze an, dasz in altem zersetzten Glase die Kieselsäure und Metalle sich in concentrischen Ringen scheiden und dasz die Kieselsäure ihre krystallinische Structur wieder erlangt, wie es aus ihrer Wirkung auf das Licht hervorgeht.

[119] Dies wird nach der Autorität von Sir Th. M i t c h e l l angegeben: s. seine Travels, Vol. II. p. 357.

[120] Ich habe diese sehr merkwürdigen Bänke im Anhange zu meinem Buche über die Structur der Corallen-Riffe beschrieben (Übers. p. 206). Ich habe die Neigung der Ränder der Bänke nach Mittheilungen, welche mir Capitain B. A l l e n, einer der vermessenden Officiere, gegeben hat, und nach sorgfältigen Messungen der horizontalen Abstände zwischen der letzten Lothung auf der Bank und der ersten im tiefen Wasser bestimmt. Weit ausgedehnte Bänke in allen Theilen West-Indiens haben dieselbe allgemeine Oberflächenform.

[A] Es ist diese Erscheinung die »Discordante Parallelstructur« C. F. N a u m a n n ' s Der Übers.

[121] s. M a r t i n W h i t e, über Lothungen im Britischen Canal, p. 4 und 166.

[122] S i a u, über die Wirkung der Wellen, in: Edinburgh New Philos. Journal, Vol. XXXI. p. 245.

[123] Travels in Australia, Vol. I. p. 154. – Ich bin Sir T h. M i t c h e l l für mehrere interessante persönliche Mittheilungen über diese groszen Thäler von Neu-Süd-Wales sehr verbunden.

[124] a. a. O. Vol. II. p. 358.

[125] s. den Anhang (Übers. p. 201 und 206) zu dem Buche über Corallen-Riffe. Die Thatsache, dasz das Meer Schlamm um einen untermeerischen Kern anhäuft, verdient die Beachtung der Geologen: denn es werden hierdurch im Meere auszen liegende Bänke von derselben Zusammensetzung wie die Küstenbänke gebildet; und wenn dann beide emporgehoben und zu Klippen ausgewaschen werden, würde man natürlich meinen, dasz sie früher einmal im Zusammenhang gestanden hätten.

[126] Chlorophaeit, welcher von M a c C u l l o c h (Western Islands, Vol. I. p. 504) als in einem basaltischen Mandelstein vorkommend geschildert wird, weicht von dieser Substanz dadurch ab, dasz er vor dem Löthrohr unverändert bleibt und sich schwärzt, wenn er der Luft ausgesetzt wird. Dürfen wir annehmen, dasz Olivin beim Erleiden jener merkwürdigen, von S. Jago beschriebenen Veränderung mehrere Stufen durchläuft?

[127] Es möchte fast scheinen, als wären irgend welche Veränderungen gegenwärtig in Ralph Bay im Fortschreiten; denn ein intelligenter Farmer versicherte mir, dasz früher Austern sehr reichlich

in ihr vorhanden gewesen wären, dasz sie aber um das Jahr 1834 ohne irgend eine augenscheinliche Ursache verschwunden wären. In den Transactions der Maryland Academy (Vol. I. P. I. p. 28) findet sich ein Bericht von D u c a t e l über ungeheure Lager von Austern und Klaffmuscheln, welche durch das allmähliche Auffüllen der engen Lagunen und Canäle an den Ufern der südlichen Vereinigten Staaten zerstört worden sind. Auf Chiloë in Süd-America hörte ich von einem ähnlichen Verlust, den die Einwohner durch das Verschwinden einer eszbaren Species von Ascidien von einem Theile der Küste erlitten haben.

[128] Proceedings of the Geological Society, Vol. III. p. 420.

[129] Ich will hier ein Verzeichnis der Gesteinsarten geben, welche ich in der Nähe der Bay of Islands in Neu-Seeland gefunden habe: – 1. Viel basaltische Lava und schlackenförmige Gesteine, distincte Cratere bildend; – 2. einen thurmartigen Hügel mit horizontalen Schichten eines fleischfarbigen Kalkes, welcher beim Zerbrechen deutliche krystallinische Facetten zeigte: der Regen hat auf dies Gestein in einer merkwürdigen Art eingewirkt, indem er die Oberfläche zu einem Miniatur-Modell einer Alpen-Landschaft corrodirte: ich beobachtete hier Lagen von Hornstein und von Thoneisenstein und im Bette eines Flusses Geschiebe von Thonschiefer; – 3. die Ufer der Bay of Islands werden von einem feldspathigen Gestein von einer bläulich-grauen Färbung gebildet, das häufig stark zersetzt ist, einen winkligen Bruch hat und von zahlreichen eisenhaltigen Bändern durchsetzt wird, aber ohne deutliche Stratification oder Spaltung. Manche Varietäten sind in hohem Grade krystallinisch und würden sofort für Trapp erklärt werden; andere waren in auffallender Weise Thonschiefer ähnlich, der leicht durch Hitze verändert ist; ich bin nicht im Stande gewesen, mir irgend eine bestimmte Ansicht über diese Formation zu bilden.

[130] Geographical Journal, Vol. XI. p. 202, 205.

[131] Ich besuchte diesen Berg in Gesellschaft des Capt. FITZ ROY und wir kamen beide zu einem ähnlichen Schlusse in Bezug auf diese sich verästelnden Körper.

[132] Ich nehme diesen Ausdruck an aus Lieut. N e l s o n ' s ausgezeichnetem Aufsatze über die Bermuda-Inseln (Geolog. Transactions, Vol. V. p. 106) für den harten, compacten, rahmfarbigen oder braunen Stein ohne irgend welche krystallinische Structur, welcher so häufig oberflächliche kalkige Anhäufungen begleitet. Ich habe derartige oberflächliche, mit substalagmitischem Gestein bedeckte Schichten am Cap der Guten Hoffnung, in mehreren Theilen von Chile und über weite Räume in La Plata und Patagonien beobachtet. Einige von diesen Schichten sind aus zerfallenen Muscheln gebildet worden, aber der Ursprung der Mehrzahl derselben ist ziemlich dunkel. Die Ursachen, welche es bestimmen, dasz Wasser Kalk auflöst und denselben bald wieder niederschlägt, sind, wie ich meine, nicht bekannt. Die Oberfläche der substalagmitischen Schichten erscheint immer vom Regenwasser corrodirt. Da sämmtliche obengenannten Länder eine, im Vergleich zur Regenzeit lange trockene Jahreszeit haben, so würde ich geglaubt haben, dasz das Vorhandensein des substalagmitischen Gesteins mit dem Clima im Zusammenhang stehe, hätte nicht Lieut. N e l s o n

gefunden, dasz sich diese Substanz unter Seewasser bildet. Zerkleinerte Schalensubstanz scheint äuszerst löslich zu sein; hiervon fand ich einen deutlichen Beweis an einem merkwürdigen Gestein bei Coquimbo in Chile, welches aus kleinen, durchscheinenden, leeren, mit einander verkitteten Hülsen bestand. Eine Reihe von Exemplaren zeigte deutlich, dasz diese Hülsen ursprünglich kleine abgerundete Schalenstückchen enthalten hatten, welche von kalkiger Substanz umhüllt und mit einander verkittet waren (wie es häufig an Strandbildungen vorkommt), später dann zerfallen und von Wasser aufgelöst worden waren, welches durch die kalkigen Hülsen durchgedrungen sein musz, ohne sie zu corrodiren, von welchem Vorgange jede einzelne Stufe zu sehen war.

[133] s. P é r o n's Reisen, Tom. I. p. 204.

[134] Dr. J. M a c a u l a y hat die Abgüsse von Madeira ausführlich beschrieben (Edinburgh New Philos. Journal, Vol. XXIX, p. 350). Er betrachtet (verschieden von Mr. S m i t h von Jordan Hill) diese Körper als Corallen und hält die kalkige Ablagerung für unter Wasser entstanden. Seine Gründe stützen sich hauptsächlich (denn seine Bemerkungen über die Structur derselben sind sehr unbestimmt) auf die grosze Menge kalkiger Substanz und darauf, dasz die Abgüsse thierische Substanz enthalten, wie es sich aus der Entwickelung von Ammoniak aus ihnen ergibt. Hätte Dr. M a c a u l a y die ungeheuren Massen abgerollter Stückchen von Muscheln und Corallen am Strande von Ascension und besonders an Corallen-Riffen gesehen, und hätte er über die Wirkungen lange anhaltender, mäsziger Winde in Bezug auf das Antreiben feiner Stückchen nachgedacht, so würde er kaum das Moment der Menge betont haben, welches in der Geologie selten zuverlässig ist. Wenn die kalkige Substanz aus zerfallenen Muscheln und Corallen herrührt, so hätte sich das Vorhandensein von thierischer Substanz erwarten lassen. Mr. A n d e r s o n hat für Dr. M a c a u l a y ein Stück eines Abgusses analysirt und folgende Zusammensetzung gefunden:

Kohlensaurer Kalk	73,35
Kieselsäure	11,90
Phosphorsaurer Kalk	8,81
Thierische Substanz	4,25
Schwefelsaurer Kalk	eine Spur
	98,11.

[135] Wegen ausführlicher Einzelnheiten über diese Formation vergl. Dr. F i t t o n's Anhang zu Capt. K i n g's Reise. F i t t o n ist geneigt, den verzweigten Körpern einen concretionären Ursprung zuzuschreiben: ich will bemerken, dasz ich in Sandschichten in La Plata cylindrische Stämme gesehen habe, welche ohne Zweifel in dieser Weise entstanden sind; sie waren aber in ihrer Erscheinung von denen am Bald Head und an den andern oben einzeln angeführten Örtlichkeiten verschieden.

[136] Proceedings of the Geological Society, Vol. I. p. 320.

[137] An mehreren Stellen beobachtete ich im Granit dunkelgefärbte Kugeln, die aus minutiösen Glimmerschuppen in einer zähen Grundmasse zusammengesetzt waren. An einer andern Stelle fand ich Krystalle von schwarzem Schörl, die von einem gemeinsamen Centrum ausstrahlten. Dr. A n d r e w S m i t h fand in den inneren Theilen des Landes wundervolle Exemplare von Granit mit silberglänzendem Glimmer, der von centralen Punkten aus ausstrahlte oder sich vielmehr wie Moos verästelte. In der Geologischen Gesellschaft finden sich Handstücke von Granit mit krystallisirtem Feldspath, der in gleicher Weise verzweigt und strahlig angeordnet ist.

[138] s. K e i l h a u ' s Theorie über den Granit; übersetzt in: Edinburgh New Philosoph. Journal, Vol. XXIV, p. 402.

[139] W . B . C l a r k e gibt indessen zu meiner Überraschung an (Geologic. Proceedings, Vol. III. p. 422), dasz der Sandstein an manchen Orten von Granitgängen durchsetzt wird; derartige Gänge müssen durchaus einer auf diejenige Periode, wo der geschmolzene Granit auf den Thonschiefer wirkte, folgenden Zeit angehören.

[140] Geographical Journal, Vol. X. p. 246.

Anhang.

Beschreibung fossiler Muscheln

von **G. B. Sowerby**.

Muscheln aus einer tertiären Ablagerung unter einem groszen basaltischen Strom auf S. Jago im Cap-Verdischen Archipel; erwähnt auf p. 4.

1. *Litorina Planaxis* G. Sowerby.

Testa subovata, crassa, laevigata, anfractibus quatuor, spiraliter striatis; apertura subovata; labio columellari infimaque parte anfractus ultimi planatis; long. 0,6, lat. 0,45 poll.

In der Statur und beinahe auch in der Form ist diese Art einer kleinen *Litorina litorea* ähnlich; sie weicht indessen sehr wesentlich darin ab, dasz der untere Theil der letzten Windung und die Columellarlippe wie abgeschnitten und abgeplattet sind, wie bei den *Purpura*-Arten. Unter den lebenden Schnecken von derselben Örtlichkeit findet sich eine, welche dieser sehr ähnlich und vielleicht mit ihr identisch ist; sie ist aber eine sehr junge Schnecke und kann daher nicht genau mit ihr verglichen werden.

2. *Cerithium aemulum* G. Sowerby.

Testa oblongo-turrita, subventricosa, apice subulato, anfractibus decem leviter spiraliter striatis, primis serie unica tuberculorum instructis, intermediis irregulariter obsolete tuberculiferis, ultimo longe majori absque tuberculis, sulcis duobus fere basalibus instructo; labii externi margine interno intus crenulato: long. 1,8, lat. 0,7 poll.

Diese Art ist einer der von Lamarck unter dem Namen *Cerithium Vertagus* zusammengebrachten Formen so ähnlich, dasz ich auf den ersten Blick glaubte, sie sei identisch mit denselben; sie kann indessen leicht dadurch unterschieden werden, dasz ihr die Falte im Centrum der Columella,

196

welche in jenen Schnecken so auffallend ist, fehlt. Es ist nur ein Exemplar vorhanden, welches unglücklicherweise den unteren Theil der äuszeren Lippe verloren hat, so dasz es unmöglich ist, die Form der Mündung zu beschreiben.

3. *Venus simulans* G. SOWERBY.

Testa rotundata, ventricosa, laeviuscula, crassa; costis obtusis, latiusculis, concentricis, antice posticeque tuberculatim solutis; area cardinali postica alterae valvae latiuscula; impressione subumbonali postica circulari: long. 1,8, alt. 1,8, lat. 1,5 poll.

Eine Muschel, welche in ihren Characteren intermediär ist und ihre Stellung zwischen der *Venus verrucosa* des englischen Canals und der *V. rosalina* RANG von der Westküste von Africa hat, aber von beiden hinreichend scharf durch ihre breiten, stumpfen, concentrischen Rippen unterschieden wird, welche sowohl vorn als hinten in Tuberkel getheilt sind. Ihre Gestalt ist auch kreisförmiger als eine jener beiden anderen Species.

Die folgenden Schalen aus derselben Schicht sind, so weit sie bestimmt werden können, von lebenden Arten:

4. *Purpura Fucus.*

5. *Amphidesma australe* SOWERBY.

6. *Conus venulatus* LAM.

7. *Fissurella coarctata* KING.

8. *Perna,* – zwei einzelne Schalen, aber in einem solchen Zustande, dasz die Art nicht zu bestimmen war.

9. *Ostrea cornucopiae* LAM.

10. *Arca ovata* LAM.

11. *Patella nigrita* BGN.

12. *Turritella bicingulata?* LAM.

13. *Strombus,* – zu stark abgerieben und verstümmelt,

197

um identificirt werden zu können.

14. *Hipponyx radiata* GRAY.

15. *Natica uber* VALENCIENNES.

16. *Pecten*, welcher der Form nach dem *P. opercularis* ähnlich ist, von ihm aber durch mehrere Charactere zu unterscheiden ist. Es findet sich nur eine Schalenhälfte, weshalb ich nicht wage, dieselbe zu beschreiben.

17. *Pupa diaphana* KING.

18. *Trochus*, – unbestimmbar.

Ausgestorbene Land-Schnecken von St. Helena.

Die folgenden sechs Arten wurden in Gesellschaft mit einander auf dem Boden einer dicken Schicht von Ackererde gefunden; die zwei letzten Species, nämlich die *Cochlogena fossilis* und *Helix biplicata* wurden zusammen mit einer, jetzt auf der Insel lebenden Art von *Succinea* in einem sehr neuen kalkigen Sandstein gefunden. Diese Schnecken wurden auf p. 91 des vorliegenden Bandes erwähnt.

1. *Cochlogena auris-vulpina* FÉR.

Diese Art ist im elften Bande von MARTINI und CHEMNITZ gut beschrieben und abgebildet worden. CHEMNITZ äuszert einen Zweifel in Bezug auf die Gattung, zu welcher sie eigentlich zu bringen ist, und auch eine stark ausgesprochene Meinung zu Ungunsten der Folgerung, dasz sie als Landschnecke anzusehen sei. Seine Exemplare waren auf einer öffentlichen Auction in Hamburg gekauft worden, wohin sie von G. HUMPHREY geschickt waren, der sehr wohl mit ihrem richtigen Wohnorte bekannt gewesen zu sein scheint und sie für Landschnecken verkaufte. CHEMNITZ erwähnt indessen ein Exemplar in SPENGLER's Sammlung in einem frischeren Zustande als seine eigenen und welches aus China gekommen sein sollten. Die Darstellung, welche er von der Art gibt, ist nach diesem Individuum entworfen; mir scheint es nur ein gereinigtes Exemplar der St. Helena-Schnecke gewesen zu sein. Man kann sich leicht vorstellen, dasz eine Schnecke von St. Helena etwa zufällig oder absichtlich, nachdem sie durch zwei oder drei Hände gegangen ist, für eine Chinesische verkauft worden sein könnte. Ich halte es nicht für möglich, dasz eine Schnecke dieser Species wirklich in China gefunden worden sein könnte; und unter den enormen Mengen von Schnecken, welche vom himmlischen Reiche nach England kommen, habe ich niemals eine gesehen. CHEMNITZ konnte sich nicht dazu bringen, zur Aufnahme dieser merkwürdigen Schnecke eine neue Gattung zu errichten, obgleich er sie offenbar nicht mit einer der damals bekannten Gattungen in Einklang bringen konnte; und trotzdem er sie für keine Landschnecke hielt, hat er sie *auris-vulpina* genannt. LAMARCK hat sie als zweite Art zu seiner Gattung *Struthiolaria* gestellt unter dem Namen *crenulata*. Mit dieser Gattung hat sie indessen keine Verwandtschaft; man kann an der Richtigkeit von FÉRUSSAC's Ansicht nicht zweifeln, welcher sie in die vierte Abtheilung seiner Untergattung *Cochlogena* bringt; LAMARCK würde auch nach seinen eigenen Grundsätzen ganz im Rechte gewesen sein, wenn er sie in seine Gattung *Auricula* gebracht hätte. Es kommt eine Varietät dieser Species vor, welche in der folgenden Weise characterisirt werden kann:

Cochlogena auris-vulpina var.

Testa subpyramidali, apertura breviori, labio tenuiori: long. 1,68, aperturae 0,76, lat. 8,87 poll.

A n m. Die Maszverhältnisse dieser Varietät weichen von denen der gewöhnlichen Varietät ab, welche die folgenden sind: Länge 1,65, der Mündung 1,0, Breite 0,96 Zoll. Es ist der Beachtung werth, dasz sämmtliche Schnecken dieser Varietät von einem andern Theile der Insel herkommen als die vorigen Exemplare.

2. *Cochlogena fossilis* G. SOWERBY.

Testa oblonga, crassiuscula, spira subacuminata, obtusa, anfractibus senis, subventricosis, leviter striatis, sutura profunde

impressa, apertura subovata; peritremate continuo, subincrassato;
umbilico parvo: long. 0,8, lat. 0,37 poll.

Diese Species ist von der Statur der *C. Guadaloupensis*, ist aber leicht durch die Form der Windungen und die tief ausgezeichnete Naht zu unterscheiden. Die Exemplare sind in ihren Verhältnissen unbedeutend verschieden. Diese Art wurde nicht von Herrn DARWIN erhalten, sondern ist aus der Sammlung der Geologischen Gesellschaft.

1. *Cochlicopa subplicata* G. SOWERBY.

Testa oblonga, subacuminato-pyramidali, apice obtuso, anfractibus
novem laevibus, postice subplicatis, sutura crenulata; apertura
ovata, postice acuta, labio externo tenui; columella obsolete
subtruncata; umbilico minimo: long. 0,93, lat. 0,28 poll.

Diese und die folgende Art werden zu FÉRUSSAC's Subgenus *Cochlicopa* gebracht, weil sie äuszerst nahe mit seiner *Cochlicopa folliculus* verwandt sind. Als Species sind sie indessen vollkommen distinct; sie sind viel gröszer und nicht glänzend und glatt wie *C. folliculus*, welche Art im Süden von Europa und auf Madeira gefunden wird. Einige sehr junge Schalen und ein Ei wurden gefunden, welche, wie ich glaube, zu dieser Species gehören.

2. *Cochlicopa terebellum* G. SOWERBY.

Testa oblonga, cylindraceo-pyramidali, apice obtusiusculo,
anfractibus septenis, laevibus; sutura postice crenulata; apertura
ovali, postice acuta, labio externo tenui, antice declivi; columella
obsolete truncata, umbilico minimo: long. 0,77, lat. 0,25 poll.

Diese Art weicht von der letzteren darin ab, dasz sie cylindrischer und, im ganz erwachsenen Zustande, nahezu frei von den stumpfen Falten der hinteren Windungen ist; auch ist die Form der Öffnung verschieden. Die jungen Schalen dieser Art sind längsweise gestreift und haben sehr obsolete längslaufenden Falten.

1. *Helix bilamellata* G. Sowerby.

Testa orbiculato-depressa, spira plana, anfractibus senis, ultimo subtus ventricoso, superne angulari; umbilico parvo; apertura semilunari, superne extus angulata, labio externo tenui; interno plicis duabus spiralibus, postica majori: long. 0,15, lat. 0,33 poll.

Die jungen Schalen dieser Species haben sehr verschiedene Maszverhältnisse von den vorstehend angegebenen, ihre Axe ist nahezu so grosz wie ihre Breite. Das gröszte Exemplar ist weisz, mit unregelmäszigen rostrothen Strahlen. Dies ist sehr verschieden von irgend einer bekannten recenten Species, obschon es mehrere gibt, mit welcher sie eine gewisse Analogie zu haben scheint, wie *Helix epistylium* oder *Cookiana* und *H. gularis*; bei diesen beiden sind indessen die inneren spiralen Falten innerhalb der äuszeren Schalenwand und nicht auf die innere Lamelle gebracht, wie bei *H. bilamellata*. Es gibt noch eine andere lebende Species, welche etwas analog zu dieser sich verhält; sie ist bis jetzt unbeschrieben und weicht von der vorliegenden und von *H. Cookiana* in dem Umstände ab, dasz sie vier innere spirale Falten besitzt, von denen zwei auf der äuszeren, und zwei auf der inneren Schalenwand stehen; sie ist vom ›Beagle‹ von Tahiti mitgebracht worden.

2. *Helix polyodon* G. Sowerby.

Testa orbiculato-subdepressa, anfractibus sex, rotundatis, striatis; apertura semilunari, labio interno plicis tribus spiralibus, posticis gradatim majoribus, extento intus dentibus quinque instructo; umbilico mediocri: long. 0,07, lat. 0,15 poll.

Diese ist etwas mit *Helix contorta* DE Férussac, Moll. terr. et fluv. Tab. 51 A. Fig. 2, verwandt, weicht aber von ihr in mehreren Einzelnheiten ab.

3. *Helix spurca* G. Sowerby.

Testa suborbiculari, spira subconoidea, obtusa; anfractibus quatuor

tumidis, substriatis; apertum magna, peritremate tenui; umbilico
parvo, profundo; long. 0,1, lat. 0,13 poll.

Die Art ist von *Helix polyodon* leicht durch ihre weite,
zahnlose Mündung zu unterscheiden.

4. *Helix biplicata* H. Sowerby.

Testa orbiculato-depressa, anfractibus quinque rotundatis, striatis;
apertura semilunari, labio interno plicis duabus spiralibus, postica
majori; umbilico magno: long. 0,04, lat. 0,1 poll.

Diese Art musz wegen ihrer Form für vollkommen
verschieden von *Helix bilamellata* gehalten werden; ihr Nabel
ist viel gröszer, ihre Spira ist nicht glatt, auch ist der hintere
Rand jeder Windung nicht winklig. Es gibt Exemplare,
welche zu dieser Species gerechnet werden müssen, die mit
der vorhergehenden Art und mit der *Cochlogena fossilis* in
dem neueren kalkigen Sandstein gefunden wurden, welche
letztere Art in Gesellschaft einer lebenden *Succinea* war.

Palaeozoische Muscheln von Van Diemen's Land,

erwähnt auf p. 141 des vorliegenden Bandes.

1. *Productus rugatus.*

Dies ist wahrscheinlich dieselbe Species wie die von
Phillips *Productus rugatus* genannte (Geology of Yorkshire,
Part II, Plate VII, Fig. 16): sie findet sich indessen in einem
zu unvollkommenen Zustande, um mir eine positive
Entscheidung zu gestatten.

2. *Productus brachythaerus* G. Sowerby.

Productus, testa subtrapeziformi, compressa, parte antica latiori,
subbiloba, postica angustiori, linea cardinali brevi.

Die merkwürdigsten Charactere dieser Species sind: die
Kürze der Schloszlinie und die vergleichsweise Breite des

vorderen Theils: ihre Auszenseite ist mit kleinen, stumpfen Tuberkeln, die unregelmäszig vertheilt sind, verziert; sie findet sich in Kalkstein von der gewöhnlichen grauen Farbe des Bergkalksteins. Ein anderes Exemplar, welches, wie ich vermuthe, ein Abdruck der Innenseite der flachen Schale ist, liegt in einem Steine von einer hellen, rostbraunen Farbe. Es ist noch ein drittes Exemplar vorhanden, welches ich für einen Abdruck der Innenseite der tiefen Schale halte, in einem sehr ähnlichen Stein, in Gesellschaft anderer Muscheln.

1. *Spirifer subradiatus* G. SOWERBY.

Spirifer, testa laevissima, parte mediana lata, radiis lateralibus utriusque lateris paucis, inconspicuis.

Die Breite dieser Muschel ist eher gröszer als ihre Länge. Die Strahlen der seitlichen Flächen sind sehr wenig und undeutlich und der mittlere Lappen ist ungewöhnlich grosz und breit.

2. *Spirifer rotundatus*? PHILLIPS, Geology of Yorkshire.

Pl. IX. Fig. 17.

Obgleich diese Muschel nicht genau den hier angezogenen Figuren gleicht, so dürfte es doch unmöglich sein, einen irgend gut unterscheidenden Character aufzufinden. Unser Exemplar ist bedeutend verkrümmt; es ist überdies ein Beispiel von jener Art zufälliger Abweichung, welche darauf hinweist, wie wenig man sich in manchen Fällen auf besondere Charactere verlassen darf; denn die strahlenförmigen Rippen auf der einen Seite der einen Schale sind viel zahlreicher und dichter als die auf der andern Seite der nämlichen Schale.

3. *Spirifer trapezoidalis* G. SOWERBY.

Spirifer, testa subtetragona, mediana parte profunda, radiis nonnullis, subinconspicuis; radiis lateralibus utriusque lateris septem ad octo distinctis: long. 1,5, lat. 2,0 poll.

Es sind zwei Exemplare dieser Art vorhanden in einem dunklen, rostigen, grauen Kalkstein, wahrscheinlich bituminöser Natur.

Spirifer trapezoidalis var.? G. SOWERBY.

Spirifer, testa radiis lateralibus tripartitim divisis, lineis incrementi antiquatis, caeteroquin omnino ad Spiriferum trapezoidalem simillima.

Anfangs zögerte ich, diese Form mit *Spirifer trapezoidalis* zu vereinigen; da ich aber beobachtete, dasz am Anfang die strahlenförmigen Rippen einfach waren, und ich weisz, dasz dieselben Abänderungen unterworfen sind, habe ich es für das beste gehalten, dies Exemplar als blosze Varietät zu unterscheiden.

———————————————————

Es finden sich noch mehrere andere, wahrscheinlich distincte Species von *Spirifer*, da es aber nur Abgüsse sind, so ist es augenfällig unmöglich, die äuszeren Charactere der Species anzugeben. Da sie indessen sehr merkwürdig sind, habe ich es für rathsam gehalten, einer jeder Form einen Namen und eine kurze Beschreibung zu geben.

4. *Spirifer paucicostatus* G. SOWERBY.

Die Länge ungefähr gleich zwei Dritteln der Breite; Rippen wenig und variabel.

5. *Spirifer vespertilio* G. SOWERBY.

Breite mehr als doppelt so grosz wie die Länge, die strahlenförmigen Rippen grosz, distinct und nicht zahlreich; hintere innere Fläche mit deutlicher Punktirung in beiden

Schalen bedeckt.

6. *Spirifer avicula* G. Sowerby.

Die Maszverhältnisse dieser Species sind sehr merkwürdig, insofern sie nahezu dreimal so breit wie lang gewesen zu sein scheint; die strahlenförmigen Rippen sind nicht sehr zahlreich und die innere hintere Fläche der einen Schale allein (der groszen Schale) ist punktirt gewesen. In ihren Proportionen ist sie dem *Spirifer convolutus* Phillips[141] ähnlich, da aber unser *Sp. avicula* nur ein Abgusz der Innenseite ist, so sind seine Proportionen nicht so abnorm wie die von *Sp. convolutus*.

Ein Exemplar, welches sehr stark aus seiner natürlichen Gestalt herausgedrückt ist, welches aber trotzdem etwas in seinen Proportionen verschieden zu sein scheint, zeigt nicht blosz den Abgusz der Innenseite, sondern auch den Eindruck der Auszenseite; seine strahlenförmigen Rippen sind sehr unregelmäszig und zahlreich; es musz aber noch für zweifelhaft angesehen werden, ob einige von ihnen nicht Hauptrippen, andere nur interstitielle sind; ihre Unregelmäszigkeit macht es unmöglich, dies zu unterscheiden.

[141] Geology of Yorkshire, Part II, Pl. IX. Fig. 7.

Beschreibung von sechs Species von Corallen aus der palaeozoischen Formation von Van Diemen's Land

von **W. Lonsdale**.

1. *Stenopora Tasmaniensis* sp. n.[142]

Verzweigt, die Zweige cylindrisch, verschieden geneigt oder zusammengedreht; Röhren mehr oder weniger divergirend; Mündungen oval, die Abtheilungsleisten stark tuberculirt; Andeutungen successiver Verengerung an jeder Röhre 1-2.

Diese Coralle ist in ihrer allgemeinen Wachsthumsweise der *Calamopora (Stenopora?) tumida* (PHILLIPS, Geol. Yorkshire, Part. II, Pl. I. Fig. 62) ähnlich; in der Form der Mündung und andern Structureinzelnheiten sind die Verschiedenheiten sehr grosz. *Stenopora Tasmaniensis* erlangt beträchtliche Dimensionen, ein Exemplar miszt 4½ Zoll in der Länge und einen halben Zoll im Durchmesser.

Die Zweige haben individuell genommen eine grosze Gleichförmigkeit in ihrem Umfange, sie weichen aber in Bezug auf einander an einem und demselben Exemplar ab; es besteht auch keine bestimmte Methode der Vertheilung oder der Wachsthumsrichtung. Die Enden sind gelegentlich hohl; und ein Exemplar, ungefähr 1½ Zoll lang und einen halben Zoll breit, ist vollständig platt gedrückt. Die Röhren haben in den am besten erkennbaren Fällen eine beträchtliche Länge, sie entspringen beinahe allein von der Axe des Zweiges und divergiren sehr leicht, bis sie nahezu den Umfang erreichen, wo sie dann nach auszen biegen. Im Körper des Zweiges sind die Röhren vom seitlichen Aneinanderdrücken winklig; beim Annähern an die äuszere Fläche werden sie aber oval in Folge der nun durch die gröszere Divergenz auftretenden Zwischenräume. Ihr Durchmesser ist durchaus sehr gleichförmig, mit Ausnahme der Verengerungen in der Nähe der Enden der vollständig ausgewachsenen Röhren. Die Wandungen im Innern der Zweige waren augenscheinlich sehr dünn, es findet sich aber eine verhältnismäszig beträchtliche Mächtigkeit an Substanz am Umfang. Es wurden keine Spuren von queren Scheidewänden innerhalb der Röhren bemerkt.

Erläuternde Fälle von Veränderungen bis zur Reife und endlichen Obliteration in den ovalen Enden der Röhren sind selten; doch wurden die folgenden beobachtet. Wo die Mündung frei und oval wird, sind die Wandungen dünn und scharf, und innerhalb der Röhre senkrecht. In einigen Fällen stehen sie mit einander in Berührung; aber in andern werden sie durch Gruben von schwankenden Dimensionen getrennt, in denen sehr minutiöse Löcher oder Poren nachgewiesen werden können. In dem Masze, wie sich die Mündung der Reife nähert, werden die Gruben mehr oder weniger ausgefüllt und die Wandungen verdicken sich, wobei eine Reihe sehr minutiöser Tuberkeln dem Rande entlang nachzuweisen ist. Auf dieser Stufe hört die Innenseite der Röhre auf, senkrecht zu sein, indem sie von einem sehr schmalen geneigten Streifen ausgekleidet wird. Die reifen Mündungen sind durch eine steile Leiste von einander getrennt, die meist einfach, aber nicht selten durch eine Grube geteilt ist; die doppelte, ebenso gut wie die einfache Leiste wird von einer Reihe vorspringender Tuberkeln gekrönt, die sich beinahe einander berühren. Nur ein Beispiel des Erfülltwerdens der Mündung ist beobachtet worden; es gibt aber genügende Beweise für eine allmähliche Ausdehnung des innern, vorhin erwähnten Streifens und für dessen endliche Begegnung in der Mitte. In diesem extremen Zustande findet ein allgemeines Verwischen der Details statt, doch sind meistens die Tuberkeln deutlich.

In dieser Species werden Beweise für eine, der Bildung der vollkommenen Röhren vorausgehende Verengerung der Mündungen und die endliche Zusammenziehung an den langen cylindrischen, geraden Zweigen nicht sehr ausgeprägt dargeboten; aber in der Nähe des Punktes, wo die Röhren nach auszen biegen, findet sich eine ringförmige Indentation, welche hintereinander von Abgusz zu Abgusz in einer linearen, der Oberfläche parallelen Richtung verfolgt werden kann; und zwischen dem auffallenden Verengern und der vollkommenen Oberfläche waren die Wandungen der Röhren leicht runzlig. An einem andern kurzen Zweige, welcher als zu dieser Species gehörig angenommen wurde, an welchem aber die Röhren sehr rapid nach auszen divergirten, ist das Verengern scharf ausgesprochen, aber nicht in gleicher Ausdehnung am ganzen Exemplar.

Die Grundmasse, in welcher dies Fossil eingeschlossen ist, ist ein grober kalkiger Schiefer oder ein grauer Kalkstein; es kommt darin auch *Fenestella internata* etc. vor.

2. *Stenopora ovata* sp. n.

Verzweigt, Zweige oval; Röhren verhältnismäszig kurz, Divergenz bedeutend; Mündungen rund; Contracturen oder Unregelmäszigkeiten im Wachsthum zahlreich.

Die Charactere dieser Species sind nur sehr unvollkommen ermittelt worden. Die Zweige sind nicht gleichförmig oval, selbst in dem, augenscheinlich nämlichen Fragment. Die Röhren divergirten schnell der Linie der gröszeren Axe entlang und hatten nur ein beschränktes verticales Wachsthum. Ihre Abgüsse bieten eine schnelle Aufeinanderfolge von Unregelmäszigkeiten der Entwickelung dar. Die Mündungen waren, so weit dies ermittelt werden konnte, rund oder leicht oval und die theilenden, tuberculirten Leisten scharf; aber in Folge des Umstands, dasz ihre äuszeren Flächen nicht exponirt waren, konnten ihre vollständigen Charactere und die vom Wachsthum abhängenden Veränderungen nicht ermittelt werden.

Die Coralle ist in einem dunklen grauen Kalkstein eingeschlossen.

1. *Fenestella ampla* sp. n.

Becherförmig; zellentragende Oberfläche innen; Zweige dichotom, breit, platt, dünn; Maschen oval; Zellenreihen zahlreich, selten auf

zwei, abwechselnd stehende beschränkt; quere verbindende Fortsätze
zuweilen zellig; innere Lage der nicht-zelligen Oberfläche sehr fasrig;
äuszere Lage sehr körnig, nicht fasrig; knospentragendes Bläschen?
klein.

Einige der Abdrücke dieser Coralle haben eine allgemeine Ähnlichkeit mit *Fenestella polyporata*, wie sie in Capitain PORTLOCK's Report on the Geology of Londonderry, Pl. XXII. A. Fig. 1.a und 1.d. dargestellt ist; es findet sich aber keine Übereinstimmung zwischen dem Fossil von Van Diemen's Land und der Structur jener Species, wie sie auf Pl. XXII, Fig. 3 desselben Werkes, oder in PHILLIPS' Originalfiguren, Geology of Yorkshire, Part II, Pl. I. Fig. 19, 20 gegeben ist. Eine allgemeine Ähnlichkeit besteht auch zwischen *Fenestella ampla* und einer Coralle, welche MURCHISON von dem Kohlenkalkstein von Kossatchi Datschi am östlichen Abhange der Ural-Gebirge erhalten hat; und doch besteht wiederum eine ausgesprochene Verschiedenheit in Structureinzelnheiten.

Fenestella ampla erreichte beträchtliche Dimensionen, Fragmente, wie es den Anschein hatte, von einem Exemplar bedeckten eine Fläche von 4½ bei 3 Zoll; sie bietet auch eine beträchtliche Massivheit des Umrisses dar; die Zweige hatten an den Punkten, wo sie sich dichotomisch theilten, häufig mehr als ein Zehntel Zoll in der Breite.

In der allgemeinen Erscheinung dieser Coralle herrscht eine beträchtliche Gleichförmigkeit vor; aber die Zweige variiren in der Breite, sie schwellen in der Nähe der Bifurcationen bedeutend an; nichtsdestoweniger besteht kein ausgeprägter Unterschied im Character zwischen der Basis und dem oberen Theile des Bechers, selbst in der Zahl der Zellenreihen.

Im besterhaltenen Zustande der zelligen Oberfläche, welcher beobachtet worden ist, sind die Zellenmündungen relativ grosz, rund oder oval, und werden von einem leicht erhobenen Rande bestimmt; eine wellenförmige, fadenartige Leiste windet sich zwischen ihnen hin und theilt die Zwischenräume in biscuitförmige Felder. Die unmittelbar der Bifurcation vorausgehenden Zellenreihen erheben sich zuweilen bis zu zehn, und sind nach der Trennung meist mehr als zwei. Die Mündungen der seitlichen Reihen springen in die Maschen vor; auch sind zuweilen die queren verbindenden Fortsätze zellig. Die Zwischenräume zwischen den Mündungen, ebenso wie die wellenförmigen Leisten, sind granulirt oder sehr minutiös tuberculirt. Innerlich bieten die Zellen die gewöhnliche schräge Anordnung dar, sie liegen übereinander und endigen gegen den dorsalen Theil des Zweiges plötzlich. Die vollkommenen Abgüsse der zelligen Oberfläche geben das Umgekehrte der eben angeführten Charactere, aber noch gewöhnlicher entfalten der Eindrücke kaum eine Spur von irgend einer anderen Structur als longitudinale Reihen kreisförmiger Mündungen.

Auf der inneren Lage der nicht-zelligen Oberfläche lassen sich zuweilen zwanzig gut ausgeprägte parallele Fasern mit zwischenliegenden schmalen Gruben oder entsprechende Abgüsse nachweisen, und ist deren Zahl immer beträchtlich. Die Erhaltungsart gestattete nicht, die wahre Natur der Fasern zu ermitteln, aber nach dem, was bei andern Species entdeckt worden ist, ist zu schlieszen, dasz sie röhrig sind. Ihre Verbreitungsstrecke ist beträchtlich; in dem Exemplar aber, welches ihre Structur am vollständigsten darbietet, sind sie häufig mit kreisförmigen Löchern abgeschnitten. Ihre vollkommene Oberfläche ist minutiös gekörnt. Die äuszere Schicht oder der Rücken der Zweige wird aus einer gleichförmigen Rinde ohne irgend welche Andeutungen von Fasern gebildet, sie wird aber von zahlreichen mikroskopischen Papillen bedeckt mit entsprechenden, die Substanz der Schicht durchbohrenden Poren.

Die einzigen Andeutungen knospentragender Bläschen sind kleine kreisförmige Gruben, welche gelegentlich oberhalb der Mündung liegen und in ihrer Lage mit den Bläschen übereinstimmen, welche bei andern zelligen Gattungen als knospentragend betrachtet worden sind. An dem vorhin erwähnten russischen Exemplar sind ähnliche Gruben sehr gleichförmig zwischen den Abgüssen der Mündungen vertheilt.

Der jüngste Zustand der Coralle ist nicht beobachtet

worden, ebensowenig irgend welche vom Alter bedingte ausgeprägte Veränderungen, ausgenommen die allmähliche Verdickung der nicht-zelligen Oberfläche durch das Bekleidetwerden mit der fasrigen Schicht.

Die Grundmasse der Exemplare ist ein dunkelgrauer splinteriger oder ein erdiger Kalkstein.

2. *Fenestella internata* sp. n.

Becherförmig; zellentragende Fläche innen; Zweige dichotom, comprimirt, Breite variabel; Maschen oblong, schmal; Zellenreihen 2-5 durch longitudinale Leisten getheilt; quere verbindende Fortsätze kurz, ohne Zellen; nicht-zellige Fläche mit scharf fibröser innerer und minutiös granulirter äuszerer Lage.

Durch die Zartheit ihrer Structur ist diese Species leicht von *Fenestella ampla* zu unterscheiden; und darin, dasz die Zellenreihen von zwei zu fünf schwanken, ebenso in ihrer Entwickelungsweise ergeben sich noch weitere scharf ausgeprägte Verschiedenheiten. Sie scheint beträchtliche Dimensionen erreicht zu haben; es sind Fragmente von anderthalb Zoll Länge und einem Zoll Breite beobachtet worden.

Die Zweige schwanken in ihrer Breite, sie schwellen allmählich nach den Bifurcationsstellen zu an, aber ohne irgend eine Änderung in der Form oder Grösze der Maschen; und so weit es der Zustand der Exemplare gestattet, eine Ansicht zu bilden, kamen auch während der Entwickelung des Bechers keine ausgeprägten Veränderungen vor, mit Ausnahme einer sofort zu erwähnenden. Auf der zellentragenden Oberfläche der Zweige finden beträchtliche, aber gleichförmige Änderungen zwischen den aufeinanderfolgenden Gabeltheilungen statt. Für eine kurze Strecke oberhalb des Trennungspunktes ist der Zweig schmal und eckig, und wird dem Centrum entlang von einer Leiste durchsetzt; auch findet sich nur eine Reihe von Zellenmündungen auf jeder Seite. In dem Masze als der Zweig wuchs, verbreitete sich die Leiste und wurde schlieszlich zellentragend, indem nun eine Reihe von Mündungen von ihrer Stelle aus entspringen (*internata*). Die drei Züge zelliger Mündungen waren auf diesem Wachsthumszustande des Zweiges durch zwei Leisten getrennt und diese wiederum verbreiteten sich in dem Masze als die Entwickelung fortschritt, und wurden zellentragend, so dasz nun fünf Zellenreihen durch vier Leisten getrennt sind. Dies ist augenscheinlich der äuszerste Wachsthumszustand, der erreicht wird; unmittelbar hinter ihm findet eine andere Bifurcation statt. An dem zu ältest gebildeten Theile des Bechers herrschen nur zwei oder drei

Reihen Zellen vor; und wo die Zahl gröszer ist, ist auch ein gewisser Grad von Unregelmäszigkeit in der linearen Anordnung bemerkbar, welche von einer seitlichen Verbreiterung des Zweiges herrührt.

An den besterhaltenen Exemplaren sind die Mündungen relativ grosz, rund oder oval, und der Rand ist unbedeutend erhoben. In den mittleren Reihen sind sie parallel oder nahezu parallel und liegen in der Richtung der Axe des Zweiges; aber in den seitlichen Reihen sind sie oft schräg gestellt und neigen nach den Maschen. Bei diesen nahezu vollkommenen Exemplaren sind die trennenden Leisten fadenartig und leicht wellenförmig, es findet sich aber keine Spur von den biscuitförmigen Abtheilungen, welche bei *Fenestella ampla* so deutlich sind. Die Zwischenräume zwischen den Mündungen sind platt oder leicht convex. In weniger schön erhaltenen Exemplaren oder solchen, welche ihrer ursprünglichen Oberfläche beraubt sind, sind die Mündungen nicht gleichförmig im Umrisz und haben keinen vorspringenden Rand. Auch sind die theilenden Leisten verhältnismäszig breiter; und die ganze Oberfläche mit Einschlusz der queren verbindenden Fortsätze ist granulirt oder minutiös tuberculirt.

Die innere Lage der nichtzelligen Fläche ist scharf faserig, und die nämliche Structur läszt sich mehr oder weniger deutlich an den queren verbindenden Fortsätzen erkennen. Die Anzahl der Fasern an den Zweigen überschreitet dem Anscheine nach nicht zwölf, sie sind im Allgemeinen weniger zahlreich. Ihre Verbreitung ist beträchtlich, da stets frische eingeschalten werden, wo sich der Zweig verbreitert; ihre Oberfläche ist minutiös tuberculirt. Es wurden keine besonderen kreisförmigen Löcher bemerkt. Die äuszere Schicht ist gleichförmig körnig, wo sie vollständig ist, aber man kann an jedem Exemplar jeden intermediären Zustand von den scharfen Fasern an verfolgen.

Es wurden keine deutlichen Beweise für das Vorhandensein knospentragender Bläschen beobachtet; aber an einem Exemplar, von welchem anzunehmen war, dasz es Eindrücke dieser Species enthielt, waren gelegentlich in der Nähe der Mündungen halbkuglige Abgüsse zu entdecken, welche an der Oberfläche vollkommen abgerundet und offenbar ohne unmittelbaren Zusammenhang mit dem Innern der Zellen waren und von denen vermuthet wurde, dasz sie diese Bläschen darstellen. *Fenestella internata* scheint ein auszerordentlich reichlich vorkommendes Fossil zu sein; eine nahezu acht Zoll lange und sechs Zoll breite Platte war auf beiden Seiten mit Fragmenten davon bedeckt, und zahlreiche kleinere Exemplare kommen noch in der Sammlung vor. Die Matrix ist hauptsächlich ein grober, grauer, kalkiger Schiefer, ist aber zuweilen ein splinterigor Kalkstein, oder ein harter, rostfarbener oder hell gefärbter Thonstein.

3. *Fenestella fossula* sp. n.

Becherförmig; zellentragende Oberfläche innen; Zweige dichotom, schlank; Maschen oval; zwei Reihen von Zellen; quere Fortsätze nicht zellig; innere Lage der nichtzellentragenden Fläche minutiös fasrig, äuszere Lage glatt oder granuliert.

Im allgemeinen Ansehen und in Structureinzelnheiten hat diese Species eine grosze Ähnlichkeit mit *Fenestella flustracea* des englischen Zechsteins (magnesian limestone) (*Retepora flustracea*, Geolog. Transact. 2. Ser., Vol. III, Pl. XII. Fig. 8); sie weicht aber von ihr in dem eigenthümlichen, am Abgusz der zellentragenden Fläche sich darbietenden Character ab, dessen Natur bei Schilderung jener Fläche erwähnt werden wird.

Das hauptsächliche Exemplar ist ein nahezu vollständiger Becher von 1½ Zoll Höhe, ungefähr zwei Zoll quer über den breitesten comprimirten Theil messend. Es finden sich keine ausgeprägten Abweichungen des Characters, aber gelegentlich Unregelmäszigkeiten des Wachsthums, welche augenscheinlich Folge von, während der fortschreitenden Entwickelung eintretenden Zufälligkeiten sind.

Die folgenden Einzelnheiten sind Abdrücken entnommen, indem keine vollkommene Oberfläche beobachtet wurde. – Die Zweige hatten grosze

Gleichförmigkeit der Dimensionen, sie schwollen an den abliegenden Punkten der Bifurcation nur sehr unbedeutend an und ihre Dicke war allem Anscheine nach ihrer Breite nahezu gleich. Der Abgusz der zellentragenden Fläche wird der Mitte entlang von einer scharfen schmalen Furche (*fossula*) durchzogen mit nahezu verticalen Seiten; dies ist der unterscheidende Character zwischen dieser Species und *Fenestella flustracea.* Die cylindrischen Abgüsse der Mündungen oder des Innern der Zellen sind auf jeder Seite der Furche in einer einfachen Reihe angeordnet, und an den Bifurcationen ist keine Zahlenzunahme deutlich wahrnehmbar. Der Mitte der Furche entlang findet sich eine Reihe von Indentationen oder minutiösen conischen Grübchen, ein bei andern Species zu bemerkender Character, besonders bei *Fen. flustracea.* Sie sind ganz offenbar nicht Abgüsse zelliger Mündungen, sondern solche verhältnismäszig groszer Papillen. Spuren derartiger Vorsprünge sind auch in mehreren andern Fällen beobachtet worden.

Die Mündungen der Zellen an dem äuszerst kleinen Fragment, welches solche darbietend erlangt wurde, sind grosz, rund, unbedeutend vorspringend und nicht sehr weit auseinanderliegend; an demselben kleinen Stück findet sich auch ein unvollkommener Kiel. Die Reste der nichtzelligen Fläche bieten keine Merkmale dar, welche einer Erwähnung verdienten; doch sind Andeutungen einer gestreiften und einer glatten Lage beobachtet worden.

Die zwei Exemplare, welche diese Structureinzelnheiten darboten, hatten eine Matrix von dunkelfarbigem, hartem Kalkstein.

Hemitrypa sexangula n. sp.

Netzwerk fein, sechseckig; Maschen rund in doppelten Reihen.

Die Coralle, auf welche die vorstehende ungenügende Characteristik angewendet wird, ist in der schieferigen Oberfläche eines dunklen harten Kalksteins eingeschlossen. Sie ist ungefähr einen Zoll breit und einen halben Zoll lang, und besteht aus zwei Schichten von Netzwerk, – die eine bietet viereckige, die andere sechseckige Maschen dar mit einem runden inneren Feld; und über einen beträchtlichen Theil des Exemplars hin ist das viereckige Netzwerk entfernt worden, wodurch der Zusammenhang der beiden Bildungen vollkommen dem Blicke dargeboten wird.

Ich glaube, dasz dies Fossil in seinen wesentlichen generischen Merkmalen vollständig mit denen von *Hemitrypa* übereinstimmt (Pal. Foss. Cornwall, p. 27); aber sein Erhaltungszustand und einige Erleichterung, welche dieser der Ermittelung von Structurdetail darbot, haben mich zu dem Schlusse geführt, dasz seine Natur von der im eben erwähnten Werke geschilderten in etwas verschieden ist.

Die innere Oberfläche von *Hemitrypa oculata* (a. a. O.) wird als »mit strahlenförmigen Leisten gezeichnet« beschrieben, zwischen denen »ovale Vertiefungen liegen, welche nur halb durch die Substanz der Coralle durchdringen und nirgends die äuszere Oberfläche erreichen.« Die genau entsprechende Partie des Exemplars von Van Diemen's Land stimmt vollkommen mit dieser Angabe überein, ausgenommen in der Form der Maschen oder Vertiefungen; es ist aber nicht blosz »wie einige *Fenestellae*«, sondern es besitzt alle wesentlichen Charactere jener Gattung und ist für ein Fragment von *Fen. fossula* zu halten. Diese Folgerung wird von einer minutiösen, mechanisch abgelösten Partie hergeleitet, welche eine Reihe groszer, runder, vorspringender Zellenmündungen darbot. Die äuszere Oberfläche der *Hemitrypa oculata* wird beschrieben als »gänzlich mit zahlreichen runden Poren oder Zellen bedeckt«, – »zu doppelten Reihen verbunden«, und an der entsprechenden Partie von *Hem. sexangula* ist ermittelt worden, dasz sie gleichfalls aus einer ähnlichen Fläche mit doppelten Reihen runder Maschen oder »Poren« besteht, aber mit hexagonaler Begrenzung; und, wie es das Exemplar in seinem in Stein eingeschlossenen Zustande darbietet, es zeigt sich, dasz sie bis zur Oberfläche der *Fenestella* oder dem viereckigen Netzwerk durchdringen.

Diese Details halte ich für hinreichend, die generische Übereinstimmung zwischen der Species von Van Diemen's

Land und der *Hemitrypa oculata* zu begründen; und es hat eine Untersuchung eines irländischen Exemplars jener Gattung die von der »inneren Fläche« desjenigen Exemplars dargebotenen Structurdetails ausführlich bestätigt, welchem provisorisch der Name *Hemitrypa sexangula* gegeben wird.

Über die wahre Natur des »äuszeren« Netzwerkes wage ich keine Meinung zu äuszern. Es wird beinahe gänzlich aus dunkelgrauer, kalkiger Substanz gebildet, welche allem Anscheine nach eine ursprünglich zellige Structur ausfüllt; es sind aber auch noch einige wenige Flecke der äuszeren Bedeckung da, welche aus einer opaken weiszen Rinde auf der Fläche besteht, die ursprünglich mit dem äuszeren Netzwerk in Berührung war. Daran, dasz es eine parasitische Bildung war, zweifele ich nur wenig; die interessante Übereinstimmung zwischen dem von der doppelten Reihe von Maschen eingenommenen Raume und dem der parallelen Zweige der *Fenestella* rührt dem Anscheine nach daher, dasz die letztere passende Basallinien zur Anheftung darboten. In dem Exemplar von Van Diemen's Land wird die Übereinstimmung noch durch eine vermehrte Breite in dem Netzwerk und durch eine Reihe vorspringender Punkte ausgedrückt. Es besteht auch eine merkwürdige Übereinstimmung zwischen der Anordnung der Mündungen der *Fenestella* und der Maschen des »inneren« Netzwerks. Ähnliche Conformität werden von Mr. PHILLIPS' ausgezeichneten Figuren dargeboten (Pal. Foss. Pl. XIII. Fig. 38).

Die soliden Partien der Structur sind äuszerst fein und sind dem Faden der allerzartesten Spitzen ähnlich; Versuche, in zufriedenstellender Weise innere Charactere zu entdecken, erwiesen sich erfolglos, ausgenommen an einer Stelle, wo eine achtzollige Anordnung für erkennbar erachtet wurde[143]. Auch über die Natur der überziehenden Kruste ist nichts ermittelt worden.

Trotzdem gegen den Namen *Hemitrypa* in seiner Anwendung auf die in Rede stehenden Corallen Einwände erhoben werden können, habe ich es doch für richtig gehalten, das Wort beizubehalten, bis die vollständigen Charactere der Gattung ermittelt sein werden.

FALMOUTH, Januar 1844.

[142] Obgleich die Charactere dieser Gattung nicht veröffentlicht sind, habe ich es doch für rathsam gehalten, sie nicht in dieser Notiz ausführlich zu geben, da nur sehr wenig Species untersucht worden sind. Die Coralle wird wesentlich aus einfachen, verschieden aggregirten und nach auszen strahlenden Röhren zusammengesetzt. Die Mündung ist rund oder oblong und wird von vorspringenden Wänden umgeben, welche dem Rande entlang eine Reihe von Tuberkeln haben. Die ursprünglich ovale Mündung wird allmählich verengt (στενός) durch einen von der inneren Wand der Röhre vorspringenden Streifen und wird endlich geschlossen.

Kurz nach Erscheinen der 1. Auflage theilte mir Mr. Lonsdale mit, dasz er glaube, diese Coralle sei zu der Gattung *Thamnopora* von Steininger zu bringen.

[143] Eine Codrington-Lupe von einem halben Zoll Durchmesser wurde ausnahmslos bei der Untersuchung der in dieser Notiz beschriebenen Corallen benutzt.

Register.

A u s t e r n, Aussterben von, <u>144</u>, Anm.

A u s t r a l i e n, <u>133</u>.

A z o r e n, <u>25</u>.

B.

B a h i a in Brasilien, Trappgänge bei, <u>126</u>.

B a i l l y, über die Berge von Mauritius, <u>31</u>.

B a l d H e a d, <u>147</u>.

B a n k ' s C o v e, <u>106</u>, <u>110</u>.

B a r e, der, auf St. Helena, <u>78</u>.

B a s a l t, specifisches Gewicht, <u>123</u>;
– säulenförmiger, <u>10</u>.

B a s a l t i s c h e K ü s t e n b e r g e auf Mauritius, <u>30</u>;
auf St. Helena, <u>82</u>;
auf S. Jago, <u>18</u>.

B e n n e tt, über marine Fossilreste auf Huaheine, <u>29</u>.

B e u d a n t, über vulcanische Bomben, <u>39</u>, <u>40</u>;
über Jaspis, <u>49</u>, Anm.;
über blättrigen Trachyt, <u>69</u>, Anm.;
über Obsidian in Ungarn, <u>65</u>;
über Kieselerde im Trachyt, <u>15</u>, <u>49</u>, Anm.

B e r m u d a - I n s e l n, kalkiges Gestein, <u>147</u>, <u>149</u>.

B i m s s t e i n, fehlt auf dem Galapagos-Archipel, <u>117</u>;
blättrig, <u>67</u>, <u>68</u>, <u>70</u>.

B l ä t t r i g e B e s c h a ff e n h e i t vulcanischer Gesteine, <u>67</u>.

B l e i, Trennung von Silber, <u>122</u>.

B l ö c k e, erratische, fehlen in Australien und am Cap der Guten Hoffnung, <u>155</u>;
  – von Grünstein auf Neu-Seeland, <u>155</u>.

B o l u s, <u>142</u>.

B o m b e n, vulcanische, <u>38</u>.

B o r y d e S t. V i n c e n t, über vulcanische Bomben, <u>39</u>.

B r a t t l e - I n s e l, <u>112</u>.

B r e w s t e r, Sir David, über kalkig-thierische Substanz, <u>56</u>, Anm.;
  über zersetztes Glas, <u>135</u>.

B r o w n, Robert, über ausgestorbene Pflanzen von Van Diemen's Land, <u>143</u>;
  über sphärulitische Körper in verkieseltem Holze, <u>64</u>.

B r u c h s t ü c k e, ausgeworfene, auf Ascension, <u>42</u>;
  auf dem Galapagos-Archipel, <u>113</u>.

B u c h, Leopold von, über cavernöse Laven, <u>106</u>;
  über Central-Vulcane, <u>130</u>;
  über Krystalle, die in Obsidian einsinken, <u>120</u>;
  über blättrige Laven, <u>68</u>;
  über Obsidianströme, <u>66</u>;
  über Olivin in Basalt, <u>107</u>;
  über oberflächliche kalkige Schichten auf den canarischen Inseln, <u>90</u>.

C.

C a p d e r G u t e n H o f f n u n g <u>151</u>.

C a r m i c h a e l, Capt., über glasigen Ueberzug an Gängen, <u>79</u>.

Cerithium, fossil, <u>156</u>.

C h a l c e d o n, Kugeln, <u>143</u>.

C h a l c e d o n in Basalt und verkieseltem Holz, <u>48</u>.

C h a t h a m - I n s e l, <u>101</u>.

C h l o r o p h a e i t, <u>142</u>, Anm.

C l a r k e, W., über das Cap der Guten Hoffnung, <u>145</u>, <u>151</u>.

Cochlicopa, fossile, <u>159</u>.

Cochlogena auris-vulpina, <u>92</u>, <u>158</u>.

C o m p t e s   r e n d u ş   Bericht   über   vulcanische
Erscheinungen im atlantischen Ocean, <u>95</u>, Anm.

C o n c e p c i o n, Erdbeben von, <u>97</u>, <u>131</u>.

C o n c r e t i o n e n,   in   wässrigen   und   plutonischen
Gesteinen verglichen, <u>62</u>;
   in Tuff, <u>49</u>;
   von Obsidian, <u>62</u>, <u>66</u>.

C o n g l o m e r a t, neueres, auf S. Jago, <u>23</u>.

C o q u i m b o, merkwürdiges Gestein, <u>148</u>, Anm.

C o r a l l e n, fossile, von Van Diemen's Land, <u>141</u>, <u>164</u>.

C r a t e r, Segment eines –s auf den Galapagos, <u>112</u>;
   groszer centraler – auf St. Helena, <u>83</u>;
   innere Schwellen und Brustwehren an –en, <u>84</u>.

C r a t e r e, basaltische, auf Ascension, <u>37</u>;
   ihre Form durch die Passatwinde beeinfluszt, <u>37</u>;
   Erhebungs- –, <u>95</u>;
   von Tuff auf Terceira, <u>25</u>;

E.

E i e r, von Vögeln auf St. Helena eingeschichtet, 91;
von Schildkröten auf Ascension, 51.

E i s e n h a l t i g e oberflächliche Schichten, 146.

É l i e d e B e a u m o n t, über kreisförmige Senkungen in
Lava, 105;
über Trappgänge als Zeichen von Erhebung, 97;
über die Neigung von Lavaströmen, 95;
über blättrige Trappgänge, 72.

E l l i s, W., über schwellenartige Böschungen innerhalb
des groszen Craters auf Hawaii, 84;
über marine Fossilreste auf Tahiti, 29.

E r h e b u n g, von St. Helena, 93;
des Galapagos-Archipels, 118;
von Van Diemen's Land, dem Cap der Guten Hoffnung,
Neu-Seeland, Australien und Chatham-Insel, 144;
der vulcanischen Inseln, 132.

E r h e b u n g s - C r a t e r e, 95.

E r u p t i o n s s p a l t e n, 119, 129, 131.

F.

F a r a d a y, M, über Ausstoszen von Kohlensäure-Gas, 7.

F e l d s p a t h, Schmelzbarkeit, 125;
in strahligen Krystallen, 152;
Labrador –, ausgeworfen, 43, Anm.

F e l d s p a t h i g e L a v e n, 20;
auf St. Helena, 83;
– Gesteine mit Obsidian abwechselnd, 58;
Blätterung und Ursprung, 67.

Fenestella, fossile, <u>166</u>.

Fernando Noronha, <u>24</u>, <u>68</u>.

Fibröse kalkige Substanz auf S. Jago, <u>12</u>.

Fitton, über kalkige Breccie, <u>150</u>.

Flagstaff Hill auf St. Helena, <u>78</u>.

Fleurian de Bellevue, über Sphäruliten, <u>65</u>.

Flüssigkeit der Laven, <u>106</u>, <u>109</u>.

Forbes, Jam. D., über die Structur der Gletscher, <u>72</u>.

Freshwater Bay, <u>112</u>, <u>120</u>.

Fuerteventura, kalkige Schichten, <u>90</u>.

G.

Galapagos-Archipel, <u>100</u>;
  Brustwehren rings um Cratere, <u>85</u>.

Gänge, abgestutzte auf dem centralen craterförmigen Rücken in St. Helena, <u>84</u>;
  auf St. Helena, Zahl derselben, von einer glänzenden Schicht überkleidet, gleichförmige Dicke, <u>79</u>;
  grosze parallele – auf St. Helena, <u>87</u>;
  auf Ascension nicht beobachtet, <u>94</u>;
  – von Tuff, <u>103</u>;
  von Trapp in der plutonischen Reihe, <u>126</u>;
  Reste von –n, sich weit in's Meer erstreckend, rings um St. Helena, <u>94</u>.

Gasförmige Explosionen auf Ascension, <u>41</u>.

Gay Lussac über Ausstoszen von Kohlensäure-Gas, <u>7</u>.

G e w i c h t, specifisches, von Lava, <u>120</u>-<u>128</u>.

G l a s i g e T e x t u r, Ursprung derselben, <u>62</u>.

G l e t s c h e r, ihre Structur, <u>72</u>.

G l i m m e r, in abgerundeten Körnern, <u>3</u>, <u>151</u>, Anm.;
Ursprung in metamorphischem Gestein, <u>153</u>;
strahlige Form von –, <u>151</u>.

Glossopteris Brownii, <u>134</u>.

G n e i s z, von Thonschiefer abgeleitet, <u>153</u>;
mit einem eingeschlossenen Fragment, <u>135</u>.

G n e i s z g r a n i t, Form der Berge von, <u>146</u>.

G r a n i t, Verbindung mit Thonschiefer am Cap der Guten
Hoffnung, <u>152</u>.

G r a n i t i s c h e Bruchstücke ausgeworfen, <u>42</u>, <u>113</u>.

G y p s, auf Ascension, <u>55</u>;
in vulcanischen Schichten auf St. Helena, <u>77</u>;
auf der Bodenoberfläche ebenda, <u>89</u>.

H.

H a l l, Sir James, über Ausstoszen von Kohlensäure-Gas, <u>7</u>.

H a r z ä h n l i c h e umgewandelte Schlacken, <u>8</u>.

Helix, fossile, <u>159</u>.

Helix melo, <u>148</u>.

Hemitrypa, fossile, <u>170</u>.

H e n n a h, über Aschen auf Ascension, <u>35</u>, Anm.

K.

K a l k i g e Ablagerung auf S. Jago, durch Wärme afficirt, 5-7;

    fasrige Substanz in schlackigen Massen, 12;
    – Incrustationen auf Ascension, 52;
    – oberflächliche Schichten bei King George's Sound, 147.

K a l k i g e r Baustein auf Ascension, 51;
    – Sandstein auf St. Helena, 88.

K e i l h a u, über Granit, 153.

K i c k e r-Felsen, 104.

K i e s e l e r d e, aus Dampf abgesetzt, 26;
    grosze Proportion in Obsidian, 63, 66;
    specifisches Gewicht, 124.

K i e s e l i g e r Sinter, 47.

K i n g   G e o r g e' s   S o u n d, 146.

K o h l e n s ä u r e - G a s, Ausstoszen von, durch Wärme, 7, 15.

K r i s t a l l i s a t i o n durch den Raum begünstigt, 71.

L.

L a b r a d o r - F e l d s p a t h, ausgeworfen, 42.

L a n d s c h n e c k e n, ausgestorben auf St. Helena, 91.

L a n z a r o t e, Kalkschichten auf, 90.

L a v a, Adhäsion an den Seiten einer Schlucht, 17, Anm.;
    feldspathige, 20;

mit halb-amygdaloiden Zellen, <u>28</u>.

Lavaströme, auf S. Jago verschmelzend, <u>17</u>;
Zusammensetzung der Oberfläche, <u>66</u>;
Verschiedenheiten im Zustande ihrer Oberfläche, <u>121</u>;
äuszerste Dünne, <u>113</u>;
auf dem Galapagos-Archipel zu Hügeln angehäuft, <u>106</u>;
ihre Flüssigkeit, <u>106</u>, <u>108</u>;
mit unregelmäsigen Erhöhungen auf Ascension, <u>37</u>.

Laven, ihr specifisches Gewicht, <u>120</u>, <u>127</u>.

Lesson, über Cratere auf Ascension, <u>37</u>.

Leucit, <u>107</u>.

Litorina, fossile, <u>156</u>.

Lonsdale, über fossile Corallen von Van Diemen's Land,
<u>141</u>, <u>164</u>.

Lot, auf St. Helena, <u>87</u>.

Lyell, Sir Charles, über Erhebungs-Cratere, <u>96</u>;
über eingeschlossene Schildkröteneier, <u>51</u>, Anm.;
über glänzende Ueberzüge auf Gängen, <u>79</u>.

M.

Macaulay, über kalkige Abgüsse auf Madeira, <u>149</u>.

Macculloch, über ein Amygdaloid, <u>28</u>, Anm.;
über Chlorophaeit, <u>142</u>;
über blättrigen Pechstein, <u>67</u>, Anm.

Mackenzie, Sir G., über cavernöse Lavaströme, <u>106</u>;
über glänzende Ueberzüge auf Gängen, <u>79</u>;
über Obsidianströme, <u>66</u>;
über Schichtung auf Island, <u>98</u>.

New-Red-Sandstein, discordante Parallelstructur, 137.

Nulliporen, fossile, Concretionen ähnlich, 4.

O.

Obsidian, fehlt auf dem Galapagos-Archipel, 117;
    Bomben von –, 39, 40;
    Zusammensetzung und Ursprung, 63, 66;
    Feldspath-Krystalle sinken in – ein, 120;
    seine Eruption aus hohen Crateren, 124;
    Uebergänge von Schichten in –, 56, 59;
    specifisches Gewicht, 121, 124.

Obsidian-Ströme, 66.

Olivin, auf S. Jago zersetzt, 19;
    auf Van Diemen's Land, 142;
    in den Laven des Galapagos-Archipels, 107.

Oolithische Structur neuerer Kalkschichten auf St. Helena, 90.

Otaheite, 27.

P.

Pattinson, über Trennung von Blei und Silber, 122.

Pechstein, 60;
    –gänge, 67.

Perlstein, 62.

Peperino, 103.

Péron, über kalkige Gesteine von Australien, 149, 151.

P fl a n z e n, ausgestorbene, in Travertin, 143.

Phaëton, jetzt selten auf St. Helena, 93.

P h o n o l i t h, Berge von, 21, 24, 87;
  blättrig, 68;
  mit leichter schmelzbarer Hornblende, 125, Anm.

P l u t o n i s c h e Gesteine, Scheidung der Bestandtheile nach dem Gewicht, 125.

P o n z a - I n s e l n, blättrige Trachyte, 68.

P o r t o P r a y a, 1.

P r e v o s t, Constant, über Seltenheit groszer Dislocationen auf vulcanischen Inseln, 80.

Productus, 141, 161.

P r o s p e r o u s H i l l auf St. Helena, 81.

P u y d e D ô m e, Trachyt von, 45, Anm.

Q.

Q u a i l I s l a n d S. Jago, 3, 8, 10.

Q u a r z, Krystalle in mit Obsidian abwechselnden Schichten, 57;
  krystallisirt in Sandstein, 134;
  Schmelzbarkeit des –s, 125;
  –gestein durch metamorphische Wirkung mit erdiger Substanz gefleckt, 6.

R.

R e d H i l l, 10, 11.

Rio de Janeiro, Gneisz von, 135.

Robert, über Schichten auf Island, 98.

Rogers, über gekrümmte Erhebungslinien, 129.

S.

Salsen, mit Tuffcrateren verglichen, 115.

Salz, vom Meere abgesetzt, 55, Anm.;
   in vulcanischen Schichten, 55, 77;
   –seen in Crateren, 115.

Sandstein in Brasilien, 154;
   am Cap der Guten Hoffnung, 154;
   –plateaus in Neu-Süd-Wales, 134, 155.

S. Jago 1;
   Erhebungs-Cratere, 95;
   Wirkung kalkiger Substanz auf Lava, 102.

St. Helena, 75;
   Erhebungs-Cratere, 95.

St. Paul's Felsen, 33.

Schlammströme auf dem Galapagos-Archipel, 109.

Schluchten, enge, auf S. Helena, 93.

Schörl, strahliger, 152, Anm.

Schwefelsaurer Kalk auf Ascension, 55.

Scrope, über blättrigen Trachyt, 68, 69, 72;
   über Obsidian, 65;
   über Scheidung von Basalt und Trachyt, 120;
   über Kieselerde in Trachyt, 15;
   über Sphäruliten, 69.

S e a l e, Geógnosie von St. Helena, 77;
über Trappgänge, 93, 94;
über eingeschlossene Vögelknochen, 93;
über ausgestorbene Schnecken von St. Helena, 92.

S e e n am Fusze von Vulcanen, 98, Anm.

S e d g w i c k, über Concretionen, 62.

S e n k u n g s g e b i e t auf Ascension, 41.

Serpula-Röhren an gehobenen Felsen, 30.

S e y c h e l l e n, 128.

S i a u, über Rippelmarken, 137.

S i g n a l P o s t H i l l, 8, 14, 16.

S m i t h, Andr., über Verbindung von Granit und
Thonschiefer, 152.

S o w e r b y, G. B, Beschreibung fossiler Muscheln, 156;
von Van Diemen's Land, 141;
von S. Jago, 4;
Landschnecken von St. Helena, 91.

S p a l l a n z a n i, über zersetzten Trachyt, 26.

S p a l t u n g des Thonschiefers in Australien, 134;
quere – in Sandstein, 137.

S p e c i f i s c h e s Gewicht neuerer und anderer Kalksteine,
51;
von Laven, 123.

S p h ä r u l i t e n, in Glas und verkieseltem Holze, 64;
in Obsidian, 60, 69.

Spirifer, 141, 161.

Stenopora, fossile, 164.

S t o k e s, Sammlung von Sphäruliten und Obsidian, 64, 65, 71.

S t o n y T o p little, 81, 88;
    great, 82.

S t r a t i f i c a t i o n des Sandsteins in Neu-Süd-Wales, 136, 140.

S t u t c h b u r y, über marine Fossilreste auf Tahiti, 29.

T.

T a h i t i, 27.

T a l u s, geschichteter, innerhalb der Tuff-Cratere, 110.

T e r c e i r a, 25.

T e r t i ä r e Ablagerung auf S. Jago, 4, 5.

T h ä l e r, schluchtartige, auf St. Helena, 93;
    auf Neu-Süd-Wales, 137;
    auf S. Jago, 22.

T h o n s c h i e f e r, seine Zersetzung und Verbindung mit Granit am Cap der Guten Hoffnung, 152.

T r a c h y t, fehlt auf dem Galapagos-Archipel, 117;
    auf Ascension, 43;
    auf Terceira, 25;
    Zersetzung durch Dampf, 25;
    seine Blätterung, 67;
    Trennung von Basalt, 121;
    erweicht auf Ascension, 44;
    specifisches Gewicht, 123;
    mit eigenthümlichen Adern, 46.

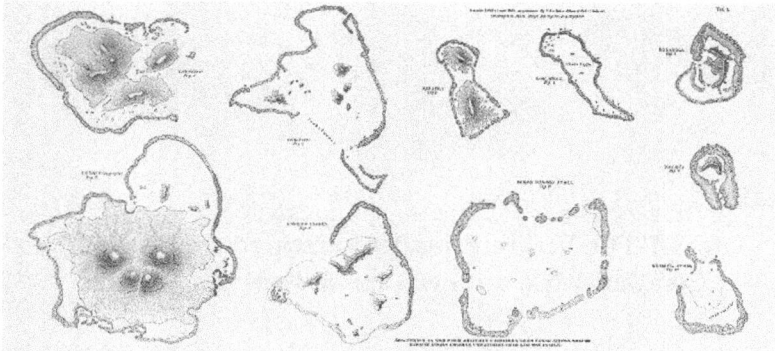

Tafel I. Ähnlichkeit in der Form zwischen Barrieren- oder Canal-Riffen welche bergige Inseln umgeben, und Atollen oder Lagunen-Inseln

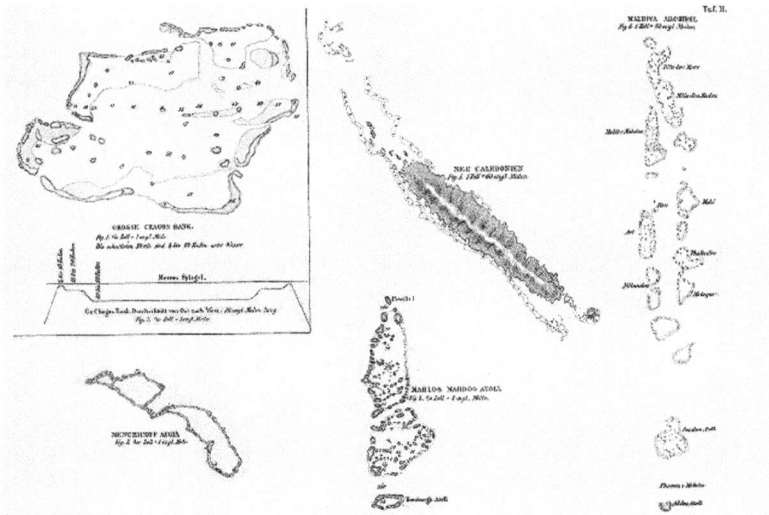

Tafel II.

Tafel III. Die Verbreitung der verschiedenen Arten der
Corallen-Riffe mit der Lage der activen Vulcane

www.ingramcontent.com/pod-product-compliance
Lightning Source LLC
Chambersburg PA
CBHW021529210326
41599CB00012B/1435